TURING



# 这就是 ChatGPT

[美] 斯蒂芬·沃尔弗拉姆（Stephen Wolfram）著

WOLFRAM 传媒汉化小组 译

What Is ChatGPT Doing... and Why Does It Work?

人民邮电出版社
北 京

图书在版编目（CIP）数据

这就是ChatGPT / (美) 斯蒂芬·沃尔弗拉姆 (Stephen Wolfram) 著 ; WOLFRAM传媒汉化小组译. -- 北京 : 人民邮电出版社, 2023.7(2024.4重印)
(图灵程序设计丛书)
ISBN 978-7-115-61808-5

Ⅰ. ①这… Ⅱ. ①斯… ②W… Ⅲ. ①人工智能 Ⅳ. ①TP18

中国国家版本馆CIP数据核字(2023)第086299号

## 内 容 提 要

ChatGPT 是 OpenAI 开发的人工智能聊天机器人程序，于 2022 年 11 月推出。它能够自动生成一些表面上看起来像人类写的文字，这是一件很厉害且出乎大家意料的事。那么，它是如何做到的呢？又为何能做到呢？本书会大致介绍 ChatGPT 的内部机制，然后探讨一下为什么它能很好地生成我们认为有意义的文本。

本书适合想了解 ChatGPT 的所有人阅读。

◆ 著　　[美] 斯蒂芬·沃尔弗拉姆（Stephen Wolfram）
译　　WOLFRAM传媒汉化小组
责任编辑　杨　琳
责任印制　胡　南

◆ 人民邮电出版社出版发行　北京市丰台区成寿寺路11号
邮编　100164　电子邮件　315@ptpress.com.cn
网址　https://www.ptpress.com.cn
天津市银博印刷集团有限公司印刷

◆ 开本：880×1230　1/32
印张：5.25　2023年 7 月第 1 版
字数：113千字　2024年 4 月天津第 11 次印刷
著作权合同登记号　图字：01-2023-2455号

定价：59.80元
读者服务热线：(010)84084456-6009　印装质量热线：(010)81055316
反盗版热线：(010)81055315
广告经营许可证：京东市监广登字 20170147 号

# 版权声明

# 奇事·奇人·奇书

## 奇事

本书的主题——ChatGPT 可谓奇事。

从 2022 年 11 月发布到现在半年多的时间，ChatGPT 所引起的关注、产生的影响，可能已经超越了信息技术历史上的几乎所有热点。

它的用户数 2 天达到 100 万，2 个月达到 1 亿，打破了 TikTok 之前的纪录。而在 2023 年 5 月它上架苹果应用商店后，也毫无悬念地冲上了免费 App 榜榜首。

许多人平生第一次接触如此高智能、知错能改的对话系统。虽然它很多时候会非常自信、“一本正经地胡说八道”，甚至连简单的加减法也算不对，但如果你提示它错了，或者让它一步步地来，它就会很“灵”地变得非常靠谱，有条不紊地列出做事情的步骤，然后得出正确答案。对于一些复杂的任务，你正等着看它的笑话呢，它却会不紧不慢地给你言之成理的回答，让你大吃一惊。

众多业界专家也被它征服：原本不看好它甚至在 2019 年微软投资 OpenAI 的决策中投了反对票的盖茨，现在将 ChatGPT 与 PC、互联网等相提并论；英伟达 CEO 黄仁勋称它带来了 AI 的“iPhone 时刻”；OpenAI 的山姆 · 阿尔特曼（Sam Altman）将它比作印刷机；谷歌 CEO 孙达尔 · 皮柴（Sundar Pichai）说它是“火和电”……这些说法都与腾讯创始人马化腾认为 ChatGPT“几百年不遇”的观点不谋而合，总之都是说它开启了新时代。阿里巴巴 CEO 张勇的看法是：“所有行业、应用、软件、服务，都值得基于大模型能力重做一遍。”以马斯克为代表的很多专家更是因为 ChatGPT 的突破性能力可能对人类产生威胁，呼吁应该暂停强大 AI 模型的开发。

在刚刚结束的 2023 智源大会上，山姆 · 阿尔特曼很自信地说 AGI（artificial general intelligence，通用人工智能）很可能在十年之内到来，需要全球合作解决由此带来的各种问题。而因为共同推动深度学习从边缘到舞台中央而获得图灵奖的三位科学家，意见却明显不同：

- 杨立昆（Yann LeCun）明确表示 GPT 代表的自回归大模型存在本质缺陷，需要围绕世界模型另寻新路，所以他对 AI 的威胁并不担心；
- 约书亚 · 本吉奥（Yoshua Bengio）虽然也不认同单靠 GPT 路线就能通向 AGI（他看好将贝叶斯推理与神经网络结合），但承认大模型存在巨大潜力，从第一性原理来看也没有明显的天花板，因此他在呼吁暂停 AI 开发的公开信上签了字；

- 压轴演讲的杰弗里·辛顿（Geoffrey Hinton）显然同意自己的弟子伊尔亚·苏茨克维（Ilya Sutskever）提出的“大模型能学到真实世界的压缩表示”的观点，他意识到具备反向传播机制（通俗地说就是内置“知错能改”机制）而且能轻易扩大规模的人工神经网络的智能可能会很快超过人类，因此他也加入到呼吁抵御 AI 风险的队伍中来。

以 ChatGPT 为代表的人工神经网络的逆袭之旅，在整个科技史上也算得上跌宕起伏。它曾经在流派众多的人工智能界内部屡受歧视和打击。不止一位天才先驱以悲剧结束一生：1943 年，沃尔特·皮茨（Walter Pitts）在与沃伦·麦卡洛克（Warren McCulloch）共同提出神经网络的数学表示时才 20 岁，后来因为与导师维纳失和而脱离学术界，最终因饮酒过度于 46 岁辞世；1958 年，30 岁的弗兰克·罗森布拉特（Frank Rosenblatt）通过感知机实际实现了神经网络，而 1971 年，他在 43 岁生日那天溺水身亡；反向传播的主要提出者大卫·鲁梅尔哈特（David Rumelhart）则正值盛年（50 多岁）就罹患了罕见的不治之症，1998 年开始逐渐失智，最终在与病魔斗争十多年后离世……

一些顶级会议以及明斯基这样的学术巨人都曾毫不客气地反对甚至排斥神经网络，逼得辛顿等人不得不先后采用“关联记忆”“并行分布式处理”“卷积网络”“深度学习”等中性或者晦涩的术语为自己赢得一隅生存空间。

辛顿自己从 20 世纪 70 年代开始，坚守冷门方向几十年。从英国到美国，最后立足曾经的学术边陲加拿大，他在资金支持匮乏的情况下努力建立起一个人数不多但精英辈出的学派。

直到 2012 年，他的博士生伊尔亚 · 苏茨克维等在 ImageNet 比赛中用新方法一飞冲天，深度学习才开始成为 AI 的显学，并广泛应用于各个产业。2020 年，他又在 OpenAI 带队，通过千亿参数的 GPT-3 开启了大模型时代。

ChatGPT 自己的身世也极富有戏剧性。

2015 年，30 岁的山姆 · 阿尔特曼和 28 岁的格雷格 · 布罗克曼（Greg Brockman）与马斯克联手，召集了 30 岁的苏茨克维等多位 AI 顶级人才，共同创立 OpenAI，希望在谷歌、Facebook 等诸多巨头之外，建立中立的 AI 前沿科研阵地，并且雄心勃勃地把构建与人类水平相当的人工智能作为自己的目标。那时候，媒体报道基本上都以马斯克支持成立了一家非营利 AI 机构为标题，并没有多少人看好 OpenAI。甚至连苏茨克维这样的灵魂人物，在加入前也经历了一番思想斗争。

前三年，他们在强化学习、机器人、多智能体、AI 安全等方面多线出击，的确没有取得特别有说服力的成果。以至于主要赞助人马斯克对进展不满意，动了要来直接管理的念头。在被理事会拒绝后，他选择了离开。

2019 年 3 月，山姆·阿尔特曼开始担任 OpenAI 的 CEO，并在几个月内完成了组建商业公司、获得微软 10 亿美元投资等动作，为后续发展做好了准备。

在科研方面，2016 年，富兰克林·欧林工程学院本科毕业两年的亚历克·拉德福德（Alec Radford）加入 OpenAI，开始发力。作为主要作者，他在苏茨克维等的指导下，连续完成了 PPO（2017）、GPT-1（2018）、GPT-2（2019）、Jukebox（2020）、ImageGPT（2020）、CLIP（2021）和 Whisper（2022）等多项开创性工作。尤其是 2017 年关于情感神经元的工作，开创了“预测下一个字符”的极简架构结合大模型、大算力、大数据的技术路线，对后续的 GPT 产生了关键影响。

GPT 的发展也不是一帆风顺的。

从下页图中可以清晰地看到，GPT-1 的论文发表之后，OpenAI 这种有意为之的更加简单的 Decoder-Only 架构（准确地讲是带自回归的 Encoder-Decoder 架构）并没有得到太多关注，风头都被谷歌几个月之后发布的 BERT（Encoder-Only 架构，准确地讲是 Encoder-非自回归的 Decoder 架构）抢去了。随后，出现了一系列 *xx*BERT 类的很有影响的工作。

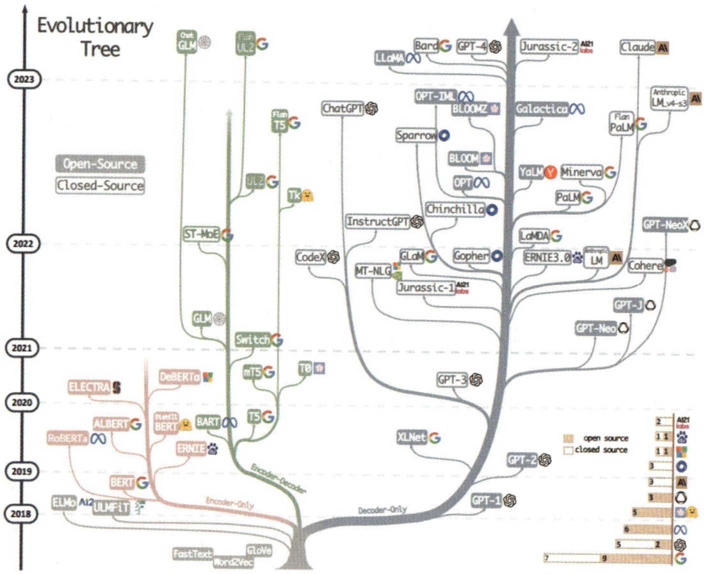


（大模型进化树，出自 Amazon 杨靖锋等 2023 年 4 月的论文“Harnessing the Power of LLMs in Practice”）

今天，BERT 论文的引用数已经超过 6.8 万，比 GPT-1 论文的不到 6000 仍然高了一个数量级。两篇论文的技术路线不同，无论是学术界还是工业界，几乎所有人当时都选择了 BERT 阵营。

2019 年 2 月发布的 GPT-2 将最大参数规模提升到 15 亿级别，同时使用了更大规模、更高质量和更多样的数据，模型开始展现很强的通用能力。当时令 GPT-2 登上技术社区头条的，还不是研究本身（直到今天，它的论文引用数也只有 6000 出头，远不如 BERT），而是 OpenAI 出于安全考虑，一开始只开源了最小的 3.45 亿参数模型，引起轩然大波。社区对 OpenAI 不“Open”的印象，就始自这里。

这前后，OpenAI 还做了规模对语言模型能力影响的研究，提出了“规模法则”（scaling law），确定了整个组织的主要方向：大模型。为此，OpenAI 将强化学习、机器人等其他方向都砍掉了。难能可贵的是，大部分核心研发人员选择了留下。他们改变自己的研究方向，放弃小我，集中力量做大事——很多人转而做工程和数据等方面的工作，或者围绕大模型重新定位自己的研究方向（比如强化学习就在 GPT 3.5 以及之后的演进中发挥了重大作用）。这种组织上的灵活性，也是 OpenAI 能成功的重要因素。

2020 年，GPT-3 横空出世，NLP（natural language processing，自然语言处理）小圈子里的一些有识之士开始意识到 OpenAI 技术路线的巨大潜力。在中国，北京智源人工智能研究院联合清华大学等高校推出了 GLM、CPM 等模型，并积极在国内学术界推广大模型理念。从上页关于大模型进化树的图中可以看到，2021 年之后，GPT 路线已经完全占据上风，而 BERT 这一“物种”的进化树几乎停止了。

2020 年底，OpenAI 的两位副总达里奥 · 阿莫迪（Dario Amodei）和丹妮拉 · 阿莫迪（Daniela Amodei）（同时也是兄妹）带领 GPT-3 和安全团队的多位同事离开，创办了 Anthropic。达里奥 · 阿莫迪在

OpenAI 的地位非同一般：他是伊尔亚 · 苏茨克维之外，技术路线图的另一个制定者，也是 GPT-2 和 GPT-3 项目以及安全方向的总负责人。而随他离开的，有 GPT-3 和规模法则论文的多位核心人员。

一年后，Anthropic 发表论文“A General Language Assistant as a Laboratory for Alignment”，开始用聊天助手研究对齐问题，此后逐渐演变为 Claude 这个智能聊天产品。

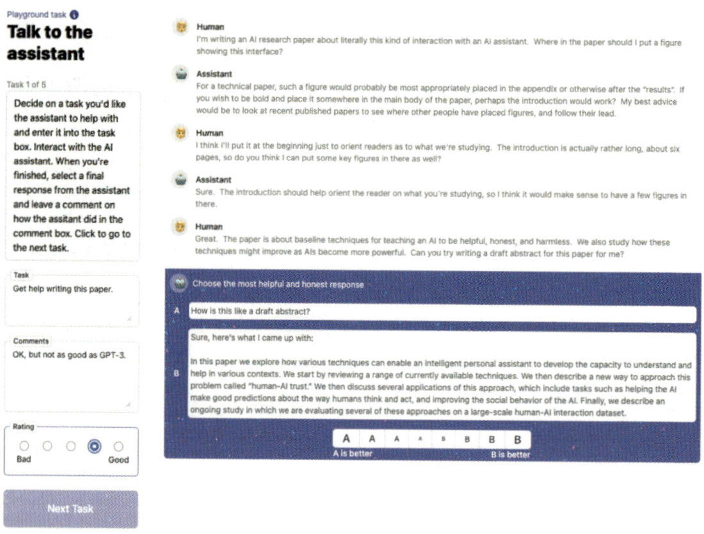


2022 年 6 月，论文“Emergent Abilities of Large Language Models”发布，第一作者是仅从达特茅斯学院本科毕业两年的谷歌研究员 Jason Wei（今年 2 月，他在谷歌的“精英跳槽潮”中去了 OpenAI）。他在论文中研究了大模型的涌现能力，这类能力在小模型中不存

在，只有模型规模扩大到一定量级才会出现——也就是我们熟悉的“量变会导致质变”。

当年11月中旬，本来一直在研发GPT-4的OpenAI员工收到管理层的指令：所有工作暂停，全力推出一款聊天工具，原因是有竞争。两周后，ChatGPT诞生。这之后的事情已经载入史册。

业界推测，OpenAI管理层应该是得知了Anthropic Claude的进展，意识到这一产品的巨大潜力，决定先下手为强。这展现出核心人员超强的战略判断力。要知道，即使是ChatGPT的核心研发人员也不知道为什么该产品推出后会这么火（“我爸妈终于知道我在干什么了”），他们在自己试用时完全没有惊艳的感觉。

2023年3月，在长达半年的“评估、对抗性测试和对模型及系统级缓解措施的迭代改进”之后，GPT-4发布。微软研究院对其内部版本（能力超出公开发布的线上版本）研究的结论是：“在所有这些任务中，GPT-4的表现与人类水平接近得惊人……鉴于GPT-4的广度和深度，我们认为它可以合理地被视为AGI系统早期（但仍然不完整）的版本。”

此后，国内外的企业和科研机构纷纷跟进，几乎每周就有一个甚至多个新模型推出。但在综合能力上，OpenAI仍然一骑绝尘，唯一可以与之抗衡的，是Anthropic。

很多人会问：为什么中国没有产生 ChatGPT？其实正确的问题（prompt）应该是：为什么全世界只有 OpenAI 能做出 ChatGPT？他们成功的原因是什么？

对此的思考，到今天仍有意义。

ChatGPT，真奇事也。

## 奇人

本书作者斯蒂芬·沃尔弗拉姆（Stephen Wolfram）可谓奇人。

他虽然并不是马斯克那种在大众层面妇孺皆知的科技名人，但在科技极客小圈子里名气很大，被称为“在世的最聪明的人”。谷歌的创始人之一谢尔盖·布林（Sergey Brin）在大学期间曾经慕名到沃尔弗拉姆的公司实习。而搜狗和百川智能的创始人王小川更是他有名的铁杆粉丝，“带着崇敬和狂热的心……关注和追随多年”。

沃尔弗拉姆小时候是出名的神童。因为他不屑于看学校推荐的“蠢书”，而且算术不好，所以一开始老师们还以为“这孩子不行”。

结果人家 13 岁就自己写了几本物理书，其中之一名为《亚原子粒子物理》。

他 15 岁在 *Australian Journal of Physics* 上发表了一篇正儿八经的高能物理论文“Hadronic Electrons?”，提出了一种新形式的高能电子－强子耦合。这篇论文还被引用了 5 次。

---

*Aust. J. Phys.*, 1975, **28**, 479–87

## Hadronic Electrons?

*Stephen Wolfram*

Eton College, Windsor, Berkshire, England.

*Abstract*

A new form of high energy electron–hadron coupling is examined with reference to the experimental data. The electron is taken to have a neutral vector gluon cloud with a radius $\sim 10^{-18}$ m. This is shown to be consistent with measurements on $e^+e^- \to e^+e^-$ and $g_e - 2$. At low energies, only photons couple to the gluons, but at higher energies 'evaporation' then 'boiling' of $\omega$ and $\phi$ occurs, allowing strong interactions. The model yields accurate predictions for the form of the rise in $R = \sigma(e^+e^- \to h)/\sigma(e^+e^- \to \mu^+\mu^-)$. Arguments are given for the order of magnitude of $m_e$ and for the lack of a permanent meson cloud in leptons. Strong interaction selection rules forbid a contribution to $\pi^0 \to e^+e^-$, and interference with the one-photon channel produces minimal scaling violation in eN processes at present energies. The constant value of $\sigma(e^+e^-)/\sigma(\bar{p}p)$ is correctly predicted and evidence from high energy pp interactions is also cited. The $\psi$ particles are interpreted as $e^+e^-$ resonances in the evaporation region, and their properties are generated correctly. Predictions are given for the behaviour of $\sigma(e^\pm e^-)$ at high energies.

### Introduction

The recent discoveries of scaling violation and narrow resonances in deep inelastic $e^+e^-$ annihilation (see review of data by Gilman 1975) have raised the possibility that electrons may undergo non-electromagnetic interactions with hadrons (Bigi and Bjorken 1974; Chanda 1974; Greenberg and Yodh 1974; Pati and Salam 1974*a*, 1974*b*; Richter 1974; Soni 1974*a*, 1974*b*; Wolfram 1975). In the low energy limit $q^2 \to 0$, it is well known that electrons obey quantum electrodynamics (QED) to considerable accuracy, and hence in this region the strength of any anomalous electron–hadron coupling must be negligible. At higher energies ($q^2 \gtrsim 15\ \mathrm{GeV}^2$), however, the predictions of QED fail, and scaling is violated. In electron–nucleus interactions, there is also scaling in the low energy region ($q^2 \lesssim 0{\cdot}09\ \mathrm{GeV}^2$), but this ceases as the electrons probe the nucleon form factors and induce free pion production (Chanowitz and Drell 1973). In the hadronic electron model presented here, scaling is broken by a similar process.

### Structure of the Electron

By analogy with hadrons, the core of the electron is taken as a collection of 'bitons' bound by a superstrong interaction mediated by neutral massive vector gluons with photon quantum numbers. These will not be restricted to the core, but will tend to form a cloud around it, From a comparison of the expected gradients of strong and weak Regge trajectories, we expect a characteristic weak interaction structure size of order $\sqrt{G_F} \sim 10^{-18}$ m (Greenberg and Yodh 1974).

在英国的伊顿公学、牛津大学等名校，沃尔弗拉姆都是“晃”了几年，也不怎么上课。他厌恶已经被人解决的问题，结果没毕业就“跑”了。最后，20 岁的他在美国加州理工学院直接拿了博士学位，导师是大名鼎鼎的费曼。随后他留校，成为加州理工学院的教授。

1981 年，沃尔弗拉姆荣获第一届麦克阿瑟奖（俗称“天才奖”），是最年轻的获奖者。同一批获奖的其他人都是各学科的大家，包括 1992 年诺贝尔文学奖得主沃尔科特。

他很快对纯物理失去了兴趣。1983 年，他转到普林斯顿高等研究院，开始研究元胞自动机，希望找到更多自然和社会现象的底层规律。这一转型产生了巨大影响。他成为复杂系统这一学科的开创者之一，有人认为他做出了诺贝尔奖级的工作。20 多岁的他也的确与诺贝尔奖得主盖尔曼、菲利普 · 安德森（正是他在 1972 年发表的文章“More is Different”中提出了 emergency，即涌现这一概念）等一起参与了圣塔菲研究所的早期工作，并在 UIUC 创立了复杂系统研究中心。他还创办了学术期刊 *Complex Systems*。

为了更方便地做与元胞自动机相关的计算机实验，他开发了数学软件 Mathematica（这个名字是他的好友乔布斯取的），进而创办了软件公司 Wolfram Research，转身成为一名成功的企业家。Mathematica 软件的强大，可以从本书后面对 ChatGPT 解读时高度抽象和清晰的语法中直观地感受到。说实话，这让我动了想认真学一下该软件和相关技术的念头。

1991 年，沃尔弗拉姆又返回研究状态，开始“昼伏夜出”，每天深夜埋头做实验、写作长达十年，出版了 1000 多页的巨著《一种新科学》(*A New Kind of Science*)。书中的主要观点是：万事皆计算，宇宙中的各种复杂现象，不论是人产生的还是自然中自发的，都可以用一些规则简单地计算和模拟。Amazon 上书评的说法可能更好懂：“伽利略曾宣称自然界是用数学的语言书写的，但沃尔弗拉姆认为自然界是用编程语言（而且是非常简单的编程语言）书写的。”而且这些现象或者系统，比如人类大脑的工作和气象系统的演化，在计算方面是等效的，具有相同的复杂度，这称为“计算等价原理”。

这本书很畅销，因为它的语言很通俗，又有近千幅图片，但是也受到了学术界尤其是物理界人士的很多批评。这些批评主要集中在书中的理论并不是原创的（图灵关于计算复杂性的工作、康威的生命游戏等都与此类似），而且缺乏数学严谨性，因此很多结论很难经得住检验（比如自然选择不是生物复杂性的根本原因，图灵公司出版的图书《量子计算公开课》的作者斯科特・阿伦森也指出沃尔弗拉姆的方法无法解释量子计算中非常核心的贝尔测试的结果）。

而沃尔弗拉姆回应批评的方式是推出 Wolfram|Alpha 知识计算引

擎，它被很多人认为是第一项真正实用的人工智能技术。它结合了知识和算法，用户采用自然语言发出命令，系统即可直接返回答案。全世界的用户都可以通过网页、Siri、Alexa 甚至 ChatGPT 插件来使用这个强大的系统。

如果我们从以 ChatGPT 为代表的神经网络的角度来看沃尔弗拉姆的理论，就会发现一种暗合关系：GPT 底层的自回归架构，与很多机器学习模型不同，的确可以归类为“规则简单的计算”，而且其能力也是通过量变的累积涌现出来的。

沃尔弗拉姆经常为好莱坞的科幻电影做技术支持，用 Mathematica 和 Wolfram 编程语言生成一些逼真的效果，比较著名的包括《星际穿越》里的黑洞引力透镜效应，以及《降临》里掌握以后就能够超越时空的神奇外星语言，非常富有想象力。

In[2]:=

```
Module[{i = , corners}, corners = ImageCorners[i, 3, 0.1, 5];
  Show[{i, Graphics[{{Orange, Thickness[0.003], Outer[If[#1 === #2, {},
            {Opacity[3000 / EuclideanDistance[#1, #2]^2], Line[{#1, #2}]}
          ] &, corners, corners, 1]}, {EdgeForm[Green], FaceForm[],
      Rectangle[# - 10, # + 10] &/@ corners}}]}]]
```

Out[2]=

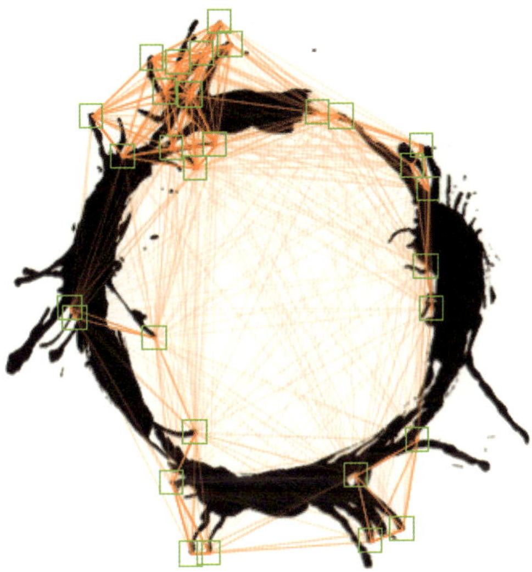

他当年最终离开学术界，和与普林斯顿同事不和有关。老师费曼写信劝他：“你不会理解普通人的想法的，他们对你来说只是傻瓜。”

我行我素，活出了精彩的人生。

斯蒂芬·沃尔弗拉姆真奇人也。

## 奇书

奇事 + 奇人，本书当然可谓奇书了。

像斯蒂芬 · 沃尔弗拉姆这样的大神能动手为广大读者极为关注的主题写一本通俗读物，这本身就是一个奇迹。

他 40 年前从纯物理转向复杂系统的研究，就是想解决人类智能等现象的第一性原理，因此有很深的积累。因为他交游广泛，与杰弗里 · 辛顿、伊尔亚 · 苏茨克维、达里奥 · 阿莫迪等关键人物都有交流，所以有第一手资料，保证了技术的准确性。难怪本书出版后，OpenAI 的 CEO 称之为“对 ChatGPT 原理最佳的解释”。

全书包括两篇文章，篇幅很短，但是把关于 ChatGPT 的最重要的点都讲到了，而且讲得通俗透彻。

我在图灵社区发起了“ChatGPT 共学营”，与各种技术水平、专业背景的同学有很多交流，发现要理解大模型，正确建立一些核心概念是非常关键的。没有这些支柱，即使你是资深的算法工程师，认知也可能会有很大的偏差。

比如，GPT 技术路线的一大核心理念，是用最简单的自回归生成架构来解决无监督学习问题，也就是利用无须人特意标注的原始数据，学习其中对世界的映射。自回归生成架构，就是书中讲得非常通俗的“只是一次添加一个词”。这里特别要注意的是，选择这种架构并不是为了做生成任务，而是为了理解或者学习，是为了实现模型的通用能力。在 2020 年之前甚至之后的几年里，业界很多专业人士想当然地以为 GPT 是搞生成任务的，所以选择了无视。殊不知 GPT-1 论文的标题就是“通过生成式预训练改进语言理解”（“Improving Language Understanding by Generative Pre-Training”）。

再比如，对于没有太多技术背景或者机器学习背景的读者来说，了解人工智能最新动态时可能遇到的直接困难，是听不懂总是出现的基本概念“模型”“参数（在神经网络中就是权重）”是什么意思，而且这些概念很难讲清楚。本书中，大神作者非常贴心地用直观的例子（函数和旋钮）做了解释（参见“什么是模型”一节）。

关于神经网络的几节图文并茂，相信对各类读者更深刻地理解神经网络及其训练过程的本质，以及损失函数、梯度下降等概念都很有帮助。

作者在讲解中也没有忽视思想性，比如下面的段落很好地介绍了深度学习的意义：

“深度学习”在 2012 年左右的重大突破与如下发现有关：与权重相对较少时相比，在涉及许多权重时，进行最小化（至少近似）可能会更容易。

换句话说，有时候用神经网络解决复杂问题比解决简单问题更容易——这似乎有些违反直觉。大致原因在于，当有很多“权重变量”时，高维空间中有“很多不同的方向”可以引导我们到达最小值；而当变量较少时，很容易陷入局部最小值的“山湖”，无法找到“出去的方向”。

而下面这一段讲清楚了端到端学习的价值：

在神经网络的早期发展阶段，人们倾向于认为应该“让神经网络做尽可能少的事”。例如，在将语音转换为文本时，人们认为应该先分析语音的音频，再将其分解为音素，等等。但是后来发现，（至少对于“类人任务”）最好的方法通常是尝试训练神经网络来“解决端到端的问题”，让它自己“发现”必要的中间特征、编码等。

掌握这些概念的“why”，有益于理解 GPT 的大背景。

嵌入这个概念无论对从事大模型研发的算法研究者、基于大模型开发应用的程序员，还是想深入了解 GPT 的普通读者，都是至关重要的，也是“ChatGPT 的中心思想”，但是它比较抽象，不是特别容易理解。本书“‘嵌入’的概念”一节是我见过的对这一概念最好的解释，通过图、代码和文字这三种解读方式，让大家都能掌握。当然，后文中“意义空间和语义运动定律”一节还有多张彩图，可以进一步深化这一概念。“‘嵌入’的概念”一节最后还介绍了什么是标记（token），并举了几个直观的英文例子。

接下来对 ChatGPT 工作原理和训练过程的介绍也通俗而不失严谨。不仅把 Transformer 这个比较复杂的技术讲得非常细致，而且如实告知了目前理论上并没有搞清楚为什么这样就有效果。

第一篇最后结合作者的计算不可约理论，将对 ChatGPT 的理解上升到一个高度，与伊尔亚 · 苏茨克维在多个访谈里强调的“GPT 的大思路是通过生成来获取世界模型的压缩表示”异曲同工。

在我看来，下面这一段落是非常引人深思的：

产生“有意义的人类语言”需要什么？过去，我们可能认为人类大脑必不可少。但现在我们知道，ChatGPT 的神经网络也可以做得非常出色……我强烈怀疑 ChatGPT 的成功暗示了一个重要的“科学”事实：有意义的人类语言实际上比我们所知道的更加结构化、更加简单，最终可能以相当简单的规则来描述如何组织这样的语言。

语言是严肃思考、决策和沟通的工具。从孩子的成长过程来看，相比感知、行动，语言应该是智能中更难的任务。但 ChatGPT 很可能已经攻破了其中的密码，正如 Wolfram 说的“它也在某种意义上

‘钻研’到了，不必考虑可能的不同措辞，就能‘以语义上有意义的方式组织语言’的地步”。这确实预示着未来我们通过计算语言或者其他表示方式，有可能进一步大幅提升整体的智能水平。

由此推广开来，人工智能的进展有可能在各学科产生类似的效应：以前认为很难的课题，其实换个角度来看并不是那么难的。加上 GPT 这种通用智能助手的“加持”，“一些任务从基本不可能变成了基本可行”，最终使全人类的科技水平达到新高度。

本书的第二篇介绍了 ChatGPT 和 Wolfram|Alpha 系统的对比与结合，有较多实例。如果说 GPT 这种通用智能更像人类，而大部分人类其实是天生不擅长精确计算和思考的，那么未来通用模型与专用模型的结合，应该也是前景广阔的发展方向。

稍有遗憾的是，本书只重点讲了 ChatGPT 的预训练部分，而没有过多涉及后面也很重要的几个微调步骤：监督微调（supervised fine-tuning，SFT）、奖励建模和强化学习。这方面比较好的学习资料是 OpenAI 创始成员、前 Tesla AI 负责人安德烈 · 卡帕斯（Andrej Karpathy）2023 年 5 月在微软 Build 大会上的演讲“State of GPT”。

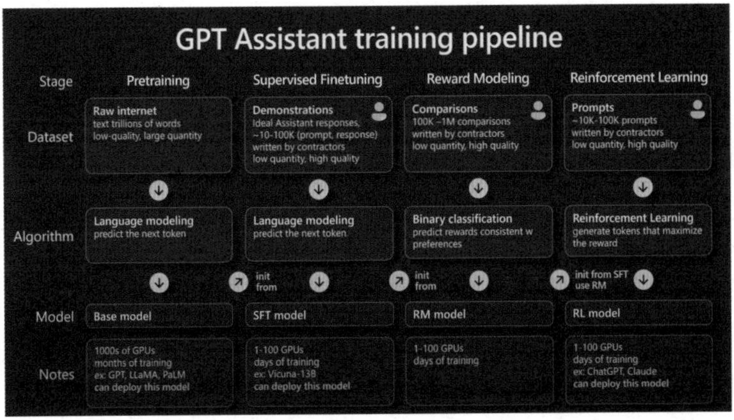


在本书包含的两篇之外，沃尔弗拉姆还有一篇关于 ChatGPT 的文章“Will AIs Take All Our Jobs and End Human History—or Not? Well, It’s Complicated...”，在更高层次上和更大范围内思考了 ChatGPT 的意义和影响。它也是《一种新科学》一书的延伸，充分体现了沃尔弗拉姆的思考深度。

关于 AI 能力的上限，他认为，根据“计算等价原理”，ChatGPT 这种通用人工智能的出现证明了“（人类）本质上没有任何特别的东西——事实上，在计算方面，我们与自然中许多系统甚至是简单程序基本上是等价的”。因此，曾经需要人类努力完成的事情，会逐渐自动化，最终能通过技术免费完成。很多人认为是人类特有的创造力或原创力、情感、判断力等，AI 应该也能够拥有。最终，AI 也会逐步发展出自己的世界。这是一种新的生态，可能有自己的宪章，人类需要适应，与之共存共荣。

那么，人类还剩下些什么优势呢？

根据“计算不可约性原理”（即“总有一些计算是没有捷径来加速或者自动化的”，作者认为这是思考 AI 未来的核心），复杂系统中总是存在无限的“计算可约区”，这正是人类历史上能不断出现科学创新、发明和发现的空间。所以，人类会不断向前沿进发，而且永远有前沿可以探索。同时，“计算不可约性原理”也决定了，人类、AI、自然界和社会等各种计算系统具有根本的不可预测性，始终存在“收获惊喜的可能”。人类可贵的，是有内在驱动力和内在体验，能够内在地定义目标或者意义，从而最终定义未来。

我们又应该怎么做呢？

沃尔弗拉姆给出了如下建议。

- 最高效的方式是发掘新的可能性，定义对自己有价值的东西。
- 从现在的回答问题转向学会如何提出问题，以及如何确定哪些问题值得提出。也就是从知识执行转向知识战略。
- 知识广度和思维清晰度将很重要。
- 直接学习所有详细的知识已经变得不必要了：我们可以在更高的层次上学习和工作，抽象掉许多具体的细节。“整合”，而不是专业化。尽可能广泛、深入地思考，尽可能多地调用知识和范式。

- 学会使用工具来做事。过去我们更倚重逻辑和数学，以后要特别注意利用计算范式，并运用与计算直接相关的思维方式。

的确，GPT 可能对我们的工作、学习和生活方式产生巨大的影响，需要我们转换思维方式，需要新型的学习和交流方式。这正是我在图灵社区发起“ChatGPT 共学营”的初衷。共学营是一个“课 + 群 + 书”的付费学习社区，这里不仅有我和众多专家的分享（开放和闭门直播课），有来自不同背景、不同行业、不同专业的同学每天在一起交流（微信群包含几千名优秀同学），还有系统的知识沉淀（电子书和知识库）。共学营中还提供了本书的导读课，以及“State of GPT”演讲的视频和中文精校文图，欢迎大家加入。

扫码加入“ChatGPT 共学营”

刘江

图灵公司联合创始人、前总编，曾任北京智源人工智能研究院副院长、美团技术学院院长

# 前言

本书试图用第一性原理解释 ChatGPT 的工作原理，以及它为何奏效。可以说这是一个关于技术的故事，也可以说这是一个关于科学的故事、一个关于哲学的故事。为了讲述这个故事，我们必须汇集数个世纪以来的一系列非凡的想法和发现。

看到自己长期以来感兴趣的众多事物一起得到突飞猛进的发展，我感到非常兴奋。从简单程序的复杂行为到语言及其含义的核心特征，再到大型计算机系统的实用性，所有这些都是 ChatGPT 故事的一部分。

ChatGPT 的基础是人工神经网络（本书中一般简称为神经网络或网络），后者最初是在 20 世纪 40 年代为了模拟理想化的大脑运作方式而发明的。我自己在 1983 年第一次编写出了一个神经网络，但它做不了什么有趣的事情。然而 40 年后，随着计算机的速度提高上百万倍，数十亿页文本出现在互联网上，以及一系列重大的工程创新，情况已然大不相同。出乎所有人意料的是，一个比我在 1983 年构建的神经网络大 10 亿倍的神经网络能够生成有意义的人类语言，而这在之前被认为是人类独有的能力。

本书包含我在 ChatGPT 问世后不久写的两篇长文。第一篇介绍了 ChatGPT，并且解释了它为何拥有像人类一样的生成语言的能力。第二篇则展望了 ChatGPT 的未来，预期它能使用计算工具来做到人类所不能做到的事，特别是能够利用 Wolfram|Alpha 系统对知识进行计算（computational knowledge，在后文中简称为计算知识）的"超能力"。

虽然距离 ChatGPT 的发布仅过了三个月，我们也才刚刚开始了解它给我们的实际生活和思维能力可能带来的影响，但就目前而言，它的到来提醒我们，即使在已经发明和发现一切之后，仍有收获惊喜的可能。

斯蒂芬·沃尔弗拉姆

2023 年 2 月 28 日

# 目录

第一篇

# ChatGPT 在做什么？它为何能做到这些？

# 它只是一次添加一个词

ChatGPT 可以自动生成类似于人类书写的文本，这非常了不起，也非常令人意外。它是如何做到的呢？这为什么会奏效呢？我在这里将概述 ChatGPT 内部的工作方式，然后探讨为什么它能够如此出色地产生我们认为有意义的文本。必须在开头说明，我会重点关注宏观的工作方式，虽然也会提到一些工程细节，但不会深入探讨。[这里提到的本质不仅适用于 ChatGPT，也同样适用于当前的其他“大语言模型”(large language model，LLM)。]

首先需要解释，ChatGPT 从根本上始终要做的是，针对它得到的任何文本产生“合理的延续”。这里所说的“合理”是指，“人们在看到诸如数十亿个网页上的内容后，可能期待别人会这样写”。

假设我们手里的文本是“The best thing about AI is its ability to”(AI 最棒的地方在于它能)。想象一下浏览人类编写的数十亿页文本（比如在互联网上和电子书中），找到该文本的所有实例，然后看看接下来出现的是什么词，以及这些词出现的概率是多少。ChatGPT 实际上做了类似的事情，只不过它不是查看字面上的文本，而是寻找在某种程度上“意义匹配”的事物（稍后将解释）。

最终的结果是，它会列出随后可能出现的词及其出现的“概率”（按“概率”从高到低排列）。

*The best thing about AI is its ability to*

| | |
|---|---|
| learn | 4.5% |
| predict | 3.5% |
| make | 3.2% |
| understand | 3.1% |
| do | 2.9% |

值得注意的是，当 ChatGPT 做一些事情，比如写一篇文章时，它实质上只是在一遍又一遍地询问“根据目前的文本，下一个词应该是什么”，并且每次都添加一个词。[正如我将要解释的那样，更准确地说，它是每次都添加一个“标记”（token），而标记可能只是词的一部分。这就是它有时可以“造词”的原因。]

好吧，它在每一步都会得到一个带概率的词列表。但它应该选择将哪一个词添加到正在写作的文章中呢？有人可能认为应该选择“排名最高”的词，即分配了最高“概率”的词。然而，这里出现了一点儿玄学[①]的意味。出于某种原因——也许有一天能用科学解释——如果我们总是选择排名最高的词，通常会得到一篇非常“平淡”的文章，完全显示不出任何“创造力”（有时甚至会一字不差地重复前文）。但是，如果有时（随机）选择排名较低的词，就会得到一篇“更有趣”的文章。

这里存在随机性意味着，如果我们多次使用相同的提示（prompt），

① 原文为 voodoo，即巫术。——编者注

每次都有可能得到不同的文章。而且，符合玄学思想的是，有一个所谓的“温度”参数来确定低排名词的使用频率。对于文章生成来说，“温度”为 0.8 似乎最好。（值得强调的是，这里没有使用任何“理论”，“温度”参数只是在实践中被发现有效的一种方法。例如，之所以采用“温度”的概念，是因为碰巧使用了在统计物理学中很常见的某种指数分布[①]，但它与物理学之间并没有任何实际联系，至少就我们目前所知是这样的。）

在进入下一节之前，需要解释一下，为了方便阐述，我在大多数情况下不会使用 ChatGPT 中的完整系统，而是使用更简单的 GPT-2 系统，它的优点是足够小，可以在标准的台式计算机上运行。因此，对于书中展示的所有原理，我都能附上明确的 Wolfram 语言代码，你可以立即在自己的计算机上运行。

例如，通过以下方式可以获得前页列出的概率表。首先，需要检索底层的“语言模型”。

```
In[•]:= model = NetModel[{"GPT2 Transformer Trained on WebText Data",
            "Task" → "LanguageModeling"}]

Out[•]= NetChain[ Input port:  string
                  Output port: class ]
```

稍后，我们将深入了解这个神经网络，并谈谈它的工作原理。现在，我们可以把这个“网络模型”当作黑盒，应用到之前的文本

① 具体而言，这里指的应当是玻尔兹曼分布。——编者注

中，并询问模型哪 5 个词紧随其后的概率最高。

```
In[∘]:= model["The best thing about AI is its ability to", {"TopProbabilities", 5}]

Out[∘]= {do → 0.0288508, understand → 0.0307805,
  make → 0.0319072, predict → 0.0349748, learn → 0.0445305}
```

如下获取结果并将其转换为明确格式化的“数据集”。

```
In[∘]:= Dataset[ReverseSort[Association[%]],
  ItemDisplayFunction → (PercentForm[#, 2] &)]
```

Out[∘]=

| | |
|---|---|
| learn | 4.5% |
| predict | 3.5% |
| make | 3.2% |
| understand | 3.1% |
| do | 2.9% |

如果反复“应用模型”，在每一步都添加概率最高的词［在此代码中指定为模型所做的“决策”（decision）］，则会发生以下情况。

```
In[∘]:= NestList[StringJoin[# , model[# , "Decision"]] &,
  "The best thing about AI is its ability to", 7]

Out[∘]= {The best thing about AI is its ability to,
  The best thing about AI is its ability to learn,
  The best thing about AI is its ability to learn from,
  The best thing about AI is its ability to learn from experience,
  The best thing about AI is its ability to learn from experience.,
  The best thing about AI is its ability to learn from experience. It,
  The best thing about AI is its ability to learn from experience. It's,
  The best thing about AI is its ability to learn from experience. It's not}
```

如果继续下去呢？在此（“零温度”[①]）情况下，文本很快就会变得混乱和重复。

The best thing about AI is its ability to learn from experience.
It's not just a matter of learning from experience, it's learning from the world around you. The AI is a very good example of this. It's a very good example of how to use AI to improve your life. It's a very good example of how to use AI to improve your life. The AI is a very good example of how to use AI to improve your life. It's a very good example of how to use AI to

但是，如果我们不总是选择“排名最高”的词，而是有时随机选择“非排名最高”的词（通过将“温度”参数从 0 调高到 0.8 来获得这种随机性）呢？我们同样可以构建文本：

{The best thing about AI is its ability to,
The best thing about AI is its ability to create,
The best thing about AI is its ability to create worlds,
The best thing about AI is its ability to create worlds that,
The best thing about AI is its ability to create worlds that are,
The best thing about AI is its ability to create worlds that are both,
The best thing about AI is its ability to create worlds that are both exciting,
The best thing about AI is its ability to create worlds that are both exciting,}

每次执行此操作时，都会进行不同的随机选择，文本也会不同，就像这 5 个例子一样。

① “零温度”指的是“温度”参数为 0，即选择按概率排名最高的词。——编者注

The best thing about AI is its ability to learn. I've always liked the

The best thing about AI is its ability to really come into your world and just

The best thing about AI is its ability to examine human behavior and the way it

The best thing about AI is its ability to do a great job of teaching us

The best thing about AI is its ability to create real tasks, but you can

值得指出的是，即使在（温度为 0.8 的）第一步，也有许多可能的“下一个词”可供选择，尽管它们的概率迅速减小（是的，如下面的对数图所示，点的连线对应于 $n^{-1}$ 次幂律衰减，这是语言的一般统计特征）。

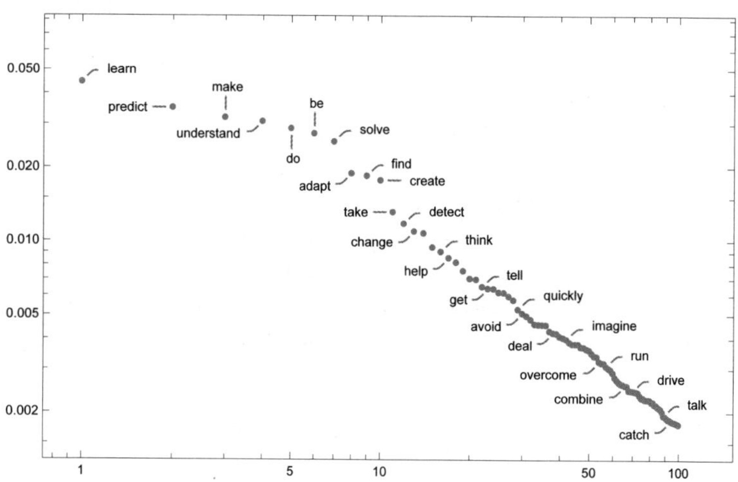


如果再继续下去会发生什么呢？下面是一个随机的例子。虽然比选择排名最高的词（零温度）的情况好，但还是有点奇怪。

The best thing about AI is its ability to see through, and make sense of, the world around us, rather than panicking and ignoring. This is known as AI "doing its job" or AI "run-of-the-mill." Indeed, taking an infinite number of steps, developing a machine that can be integrated with other systems, or controlling one system that's truly a machine, is one of the most fundamental processes of AI. Aside from the human-machine interaction, AI was also a big part of creativity

这是使用最简单的 GPT-2 模型（发布于 2019 年）完成的。使用更新更大的 GPT-3 模型，结果会更好。下面是在提示相同但使用最大的 GPT-3 模型的情况下生成的零温度文本。

The best thing about AI is its ability to automate processes and make decisions quickly and accurately. AI can be used to automate mundane tasks, such as data entry, and can also be used to make complex decisions, such as predicting customer behavior or analyzing large datasets. AI can also be used to improve customer service, as it can quickly and accurately respond to customer inquiries. AI can also be used to improve the accuracy of medical diagnoses and to automate the process of drug discovery.

下面是一个温度为 0.8 的随机示例。

The best thing about AI is its ability to learn and develop over time, allowing it to continually improve its performance and be more efficient at tasks. AI can also be used to automate mundane tasks, allowing humans to focus on more important tasks. AI can also be used to make decisions and provide insights that would otherwise be impossible for humans to figure out.

# 概率从何而来

ChatGPT 总是根据概率选择下一个词，但是这些概率是从何而来的呢？让我们从一个更简单的问题开始：考虑逐字母（而非逐词）地生成英文文本。怎样才能计算出每个字母应当出现的概率呢？

我们可以做一件很小的事，拿一段英文文本样本，然后计算其中不同字母的出现次数。例如，下面的例子统计了维基百科上“cats”（猫）的条目中各个字母的出现次数。

```
In[]:= LetterCounts[WikipediaData["cats"]]

Out[]= <|e → 4279, a → 3442, t → 3397, i → 2739, s → 2615, n → 2464, o → 2426,
  r → 2147, h → 1613, l → 1552, c → 1405, d → 1331, m → 989, u → 916,
  f → 760, g → 745, p → 651, y → 591, b → 511, w → 509, v → 395, k → 212,
  T → 114, x → 85, A → 81, C → 81, I → 68, S → 55, F → 42, z → 38, E → 36
```

对“dogs”（狗）的条目也做同样的统计。

```
In[]:= LetterCounts[WikipediaData["dogs"]]

Out[]= <|e → 3911, a → 2741, o → 2608, i → 2562, t → 2528, s → 2406,
  n → 2340, r → 1866, d → 1584, h → 1463, l → 1355, c → 1083, g → 929,
  m → 859, u → 782, f → 662, p → 636, y → 500, b → 462, w → 409,
  v → 406, k → 151, T → 90, C → 85, I → 80, A → 74, x → 71, S → 65,
```

结果有些相似，但并不完全一样。（毫无疑问，在“dogs”的条目中，字母 o 更常见，毕竟 dog 一词本身就含有 o。）不过，如果我们采集足够大的英文文本样本，最终就可以得到相当一致的结果。

```
In[∘]:= English LANGUAGE [ character frequencies ]

Out[∘]= {e → 12.7% , t → 9.06% , a → 8.17% , o → 7.51% , i → 6.97% ,
    n → 6.75% , s → 6.33% , h → 6.09% , r → 5.99% , d → 4.25% , l → 4.03% ,
    c → 2.78% , u → 2.76% , m → 2.41% , w → 2.36% , f → 2.23% ,
    g → 2.02% , y → 1.97% , p → 1.93% , b → 1.49% , v → 0.978% ,
    k → 0.772% , j → 0.153% , x → 0.150% , q → 0.0950% , z → 0.0740% }
```

这是在只根据这些概率生成字母序列时得到的样本。

```
rronoitadatcaeaesaotdoysaroiyiinnbantoioestlhddeocneooewceseciselnodrtrd⋱
    griscsatsepesdcniouhoetsedeyhedslernevstothindtbmnaohngotannbthrd⋱
    thtonsipieldn
```

我们可以通过添加空格将其分解成“词”，就像这些“词”也是具有一定概率的字母一样。

```
sd n oeiaim satnwhoo eer rtr ofiianordrenapwokom del oaas ill e h f
    rellptohltvoettseodtrncilntehtotrkthrslo hdaol n sriaefr hthehtn ld gpod a  h y oi
```

还可以通过强制要求“词长”的分布与英文中相符来更好地造“词”。

ni hilwhuei kjtn isjd erogofnr n rwhwfao rcuw lis fahte uss cpnc nlu
oe nusaetat llfo oeme rrhrtn xdses ohm oa tne ebedcon oarvthv ist

虽然并没有碰巧得到任何“实际的词”，但结果看起来稍好一些了。不过，要进一步完善，我们需要做的不仅仅是随机地挑选每个字母。举例来说，我们知道，如果句子中有一个字母 q，那么紧随其后的下一个字母几乎一定是 u。

以下是每个字母单独出现的概率图。

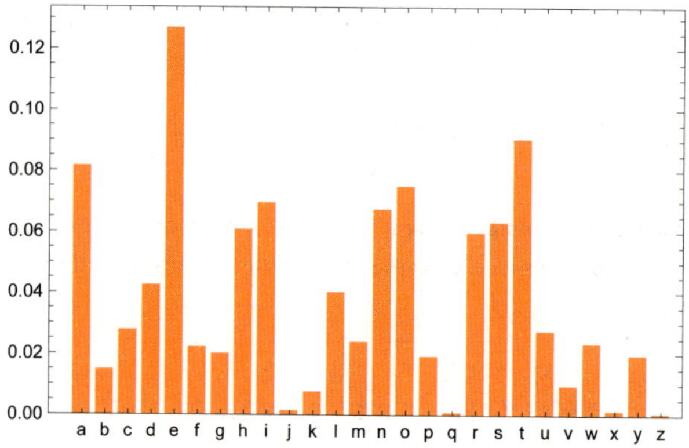


下图则显示了典型英文文本中字母对［二元（2-gram 或 bigram）字母］的概率。可能出现的第一个字母横向显示，第二个字母纵向显示。

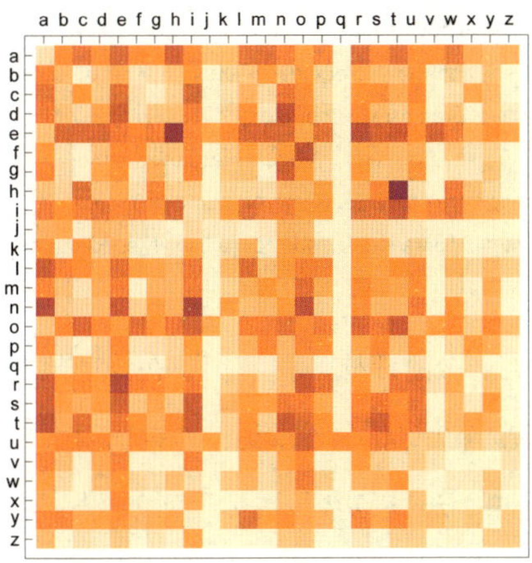


可以看到，q 列中除了 u 行以外都是空白的（概率为零）。现在不再一次一个字母地生成“词”，而是使用这些二元字母的概率，一次关注两个字母。下面是可以得到的一个结果，其中恰巧包括几个“实际的词”。

on inguman men ise forernoft weat iofobato buc ous corew ousesetiv falle tinouco ryefo ra the ecederi pasuthrgr cuconom tra tesla will tat pere thi

有了足够多的英文文本，我们不仅可以对单个字母或字母对（二元字母）得到相当好的估计，而且可以对更长的字母串得到不错的估计。如果使用逐渐变长的 $n$ 元（$n$-gram）字母的概率生成“随机的词”，就能发现它们会显得越来越“真实”。

| | |
|---|---|
| 0 | on gxeeetowmt tsifhy ah aufnsoc ior oia itlt bnc tu ih uls |
| 1 | ri io os ot timumumoi gymyestit ate bshe abol viowr wotybeat mecho |
| 2 | wore hi usinallistin hia ale warou pothe of premetra bect upo pr |
| 3 | qual musin was witherins wil por vie surgedygua was suchinguary outheydays theresist |
| 4 | stud made yello adenced through theirs from cent intous wherefo proteined screa |
| 5 | special average vocab consumer market prepara injury trade consa usually speci utility |

现在假设——多少像 ChatGPT 所做的那样——我们正在处理整个词，而不是字母。英语中有大约 50 000 个常用词。通过查看大型的英文语料库（比如几百万本书，总共包含几百亿个词），我们可以估计每个词的常用程度。使用这些信息，就可以开始生成“句子”了，其中的每个词都是独立随机选择的，概率与它们在语料库中出现的概率相同。以下是我们得到的一个结果。

of program excessive been by was research rate not here of of other
is men were against are show they the different the half the the in any were leaved

毫不意外，这没有什么意义。那么应该如何做得更好呢？就像处理字母一样，我们可以不仅考虑单个词的概率，而且考虑词对或更长的 $n$ 元词的概率。以下是考虑词对后得到的 5 个结果，它们都是从单词 cat 开始的。

cat through shipping variety is made the aid emergency can the

cat for the book flip was generally decided to design of

cat at safety to contain the vicinity coupled between electric public

cat throughout in a confirmation procedure and two were difficult music

cat on the theory an already from a representation before a

结果看起来稍微变得更加“合理”了。可以想象，如果能够使用足够长的 $n$ 元词，我们基本上会“得到一个 ChatGPT”，也就是说，我们得到的东西能够生成符合“正确的整体文章概率”且像文章一样长的词序列。但问题在于：我们根本没有足够的英文文本来推断出这些概率。

在网络爬取结果中可能有几千亿个词，在电子书中可能还有另外几百亿个词。但是，即使只有 4 万个常用词，可能的二元词的数量也已经达到了 16 亿，而可能的三元词的数量则达到了 60 万亿。因此，我们无法根据已有的文本估计所有这些三元词的概率。当涉及包含 20 个词的“文章片段”时，可能的 20 元词的数量会大于宇宙中的粒子数量，所以从某种意义上说，永远无法把它们全部写下来。

我们能做些什么呢？最佳思路是建立一个模型，让我们能够估计序列出现的概率——即使我们从未在已有的文本语料库中明确看到过这些序列。ChatGPT 的核心正是所谓的“大语言模型”，后者已经被构建得能够很好地估计这些概率了。

## 什么是模型

假设你想（像 16 世纪末的伽利略一样）知道从比萨斜塔各层掉落的炮弹分别需要多长时间才能落地。当然，你可以在每种情况下进行测量并将结果制作成表格。不过，你还可以运用理论科学的本质：建立一个模型，用它提供某种计算答案的程序，而不仅仅是在每种情况下测量和记录。

假设有一些（理想化的）数据可以告诉我们炮弹从斜塔各层落地所需的时间。

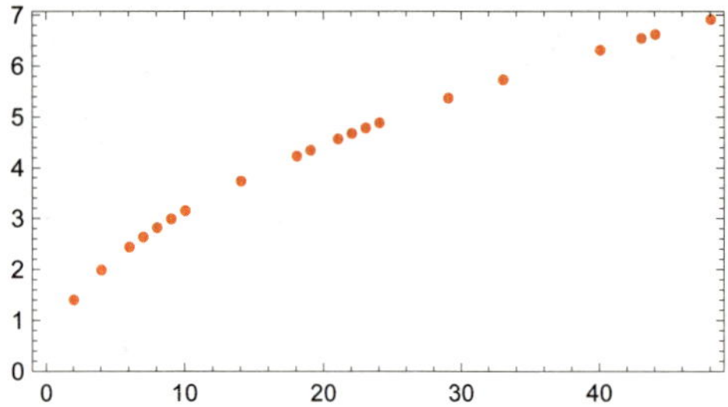


如何计算炮弹从一个没有明确数据的楼层落地需要多长时间呢？在这种特定情况下，可以使用已知的物理定律来解决问题。但是，假设我们只有数据，而不知道支配它的基本定律。那么我们可能会做出数学上的猜测，比如也许应该使用一条直线作为模型。

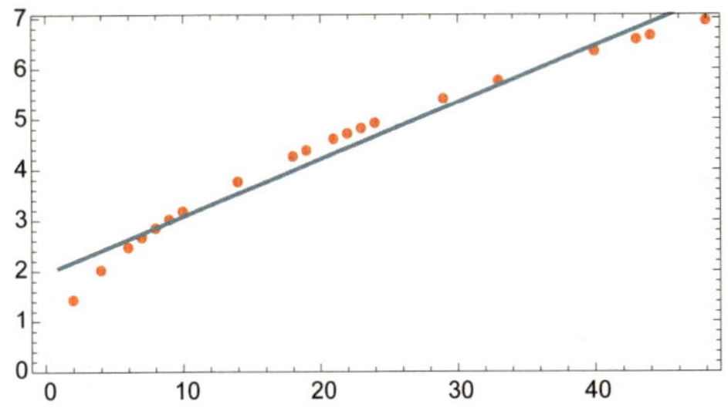


虽然我们可以选择不同的直线，但是上图中的这条直线平均而言最接近我们拥有的数据。根据这条直线，可以估计炮弹从任意一层落地的时间。

我们怎么知道要在这里尝试使用直线呢？在某种程度上说，我们并不知道。它只是在数学上很简单，而且我们已经习惯了许多测量数据可以用简单的数学模型很好地拟合。还可以尝试更复杂的数学模型，比如 $a + bx + cx^2$，能看到它在这种情况下做得更好。

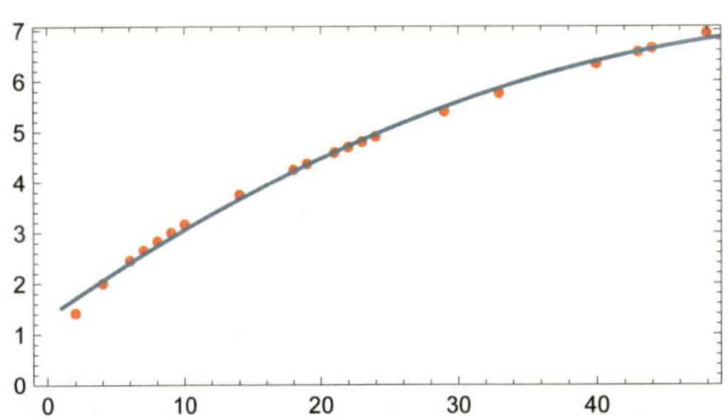

不过，这也可能会出大问题。例如，下面是我们使用 $a + b/x + c \sin x$ 能得到的最好结果。

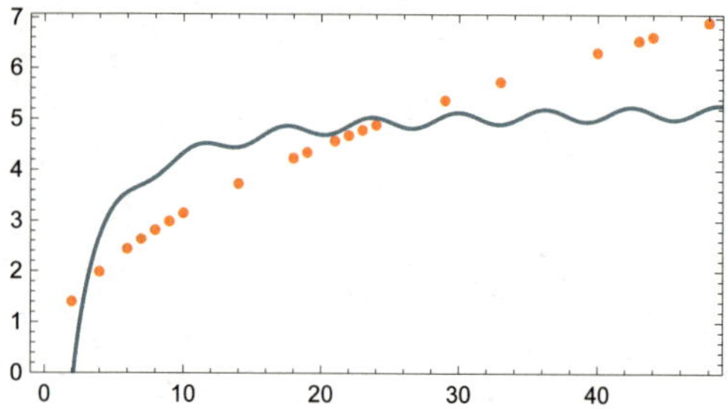


必须理解，从来没有“无模型的模型”。你使用的任何模型都有某种特定的基本结构，以及用于拟合数据的一定数量的“旋钮”（也就是可以设置的参数）。ChatGPT 使用了许多这样的“旋钮”——实际上有 200 亿个。

但是值得注意的是，ChatGPT 的基本结构——“仅仅”用这么少的参数——足以生成一个能“足够好”地计算下一个词的概率的模型，从而生成合理的文章。

## 类人任务（human-like task）的模型

上文提到的例子涉及为数值数据建立模型，这些数据基本上来自简单的物理学——几个世纪以来，我们已经知道可以用一些“简单的数学工具”为其建模。但是对于 ChatGPT，我们需要为人脑产生的人类语言文本建立模型。而对于这样的东西，我们（至少目前）还没有“简单的数学”可用。那么它的模型可能是什么样的呢？

在讨论语言之前，让我们谈谈另一个类人任务：图像识别。一个简单的例子是包含数字的图像（这是机器学习中的一个经典例子）。

…

我们可以做的一件事是获取每个数字的大量样本图像。

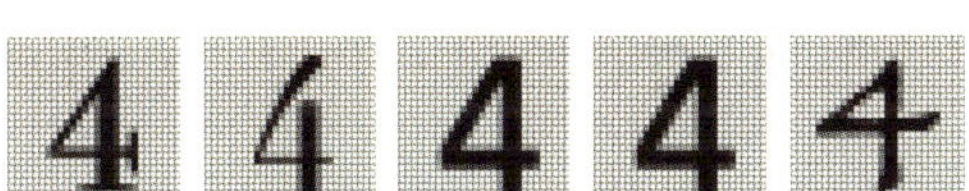

要确定输入的图像是否对应于特定的数字，可以逐像素地将其与已有的样本进行比较。但是作为人类，我们似乎肯定做得更好：

因为即使数字是手写的，有各种涂抹和扭曲，我们也仍然能够识别它们。

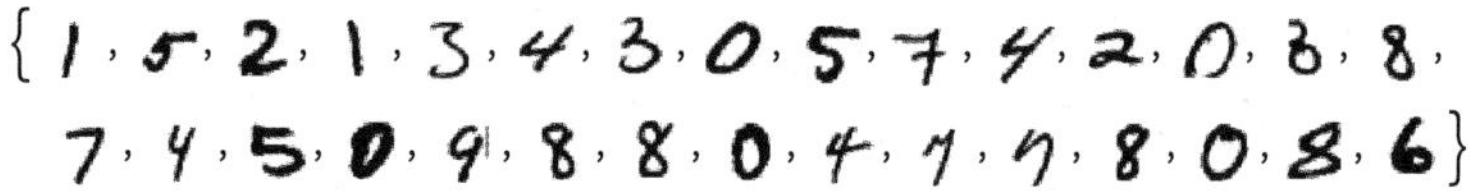

当为上一节中的数值数据建立模型时，我们能够在取得给定的数值 $x$ 之后，针对特定的 $a$ 和 $b$ 来计算出 $a + bx$。那么，如果我们将图像中每个像素的灰度值视为变量 $x_i$，是否存在涉及所有这些变量的某个函数，能（在运算后）告诉我们图像中是什么数字？事实证明，构建这样的函数是可能的。不过难度也在意料之中，一个典型的例子可能涉及大约 50 万次数学运算。

最终的结果是，如果我们将一个图像的像素值集合输入这个函数，那么输出将是一个数，明确指出该图像中是什么数字。稍后，我们将讨论如何构建这样的函数，并了解神经网络的思想。但现在，让我们先将这个函数视为黑盒，输入手写数字的图像（作为像素值的数组），然后得到它们所对应的数字。

In[•]:= NetModel[“...”][{ 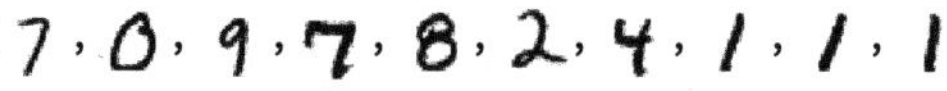 }]

Out[•]= {7, 0, 9, 7, 8, 2, 4, 1, 1, 1}

这里究竟发生了什么？假设我们逐渐模糊一个数字。在一小段时间内，我们的函数仍然能够“识别”它，这里为 2。但函数很快就无法准确识别了，开始给出“错误”的结果。

```
In[•]:= NetModel[ "..." ][{
```

```
}]
Out[•]= {2, 2, 2, 1, 1, 1, 1, 1, 1}
```

为什么说这是“错误”的结果呢？在本例中，我们知道是通过模糊数字 2 来得到所有图像的。但是，如果我们的目标是为人类在识别图像方面的能力生成一个模型，真正需要问的问题是：面对一个模糊的图像，并且不知道其来源，人类会用什么方式来识别它？

如果函数给出的结果总是与人类的意见相符，那么我们就有了一个“好模型”。一个重大的科学事实是，对于图像识别这样的任务，我们现在基本上已经知道如何构建不错的函数了。

能“用数学证明”这些函数有效吗？不能。因为要做到这一点，我们必须拥有一个关于人类所做的事情的数学理论。如果改变 2 的图像中的一些像素，我们可能会觉得，仍应该认为这是数字 2。但是随着更多像素发生改变，我们又应该能坚持多久呢？这是一个关于人类视觉感知的问题。没错，对于蜜蜂或章鱼的图像，答案无疑会有所不同，而对于虚构的外星人的图像，答案则可能会完全不同。

## 神经网络

用于图像识别等任务的典型模型到底是如何工作的呢？目前最受欢迎而且最成功的方法是使用神经网络。神经网络发明于 20 世纪 40 年代——它在当时的形式与今天非常接近——可以视作对大脑工作机制的简单理想化。

人类大脑有大约 1000 亿个神经元（神经细胞），每个神经元都能够产生电脉冲，最高可达每秒约 1000 次。这些神经元连接成复杂的网络，每个神经元都有树枝状的分支，从而能够向其他数千个神经元传递电信号。粗略地说，任意一个神经元在某个时刻是否产生电脉冲，取决于它从其他神经元接收到的电脉冲，而且神经元不同的连接方式会有不同的"权重"贡献。

当我们"看到一个图像"时，来自图像的光子落在我们眼睛后面的（光感受器）细胞上，它们会在神经细胞中产生电信号。这些神经细胞与其他神经细胞相连，信号最终会通过许多层神经元。在此过程中，我们"识别"出这个图像，最终"形成"我们"正在看数字 2"的"想法"（也许最终会做一些像大声说出"二"这样的事情）。

上一节中的“黑盒函数”就是这样一个神经网络的“数学化”版本。它恰好有 11 层（只有 4 个“核心层”）。

NetChain[

| | | |
|---|---|---|
| | Input | image array (size: 1×28×28) |
| 1 | ConvolutionLayer | array (size: 20×24×24) |
| 2 | Ramp | array (size: 20×24×24) |
| 3 | PoolingLayer | array (size: 20×12×12) |
| 4 | ConvolutionLayer | array (size: 50×8×8) |
| 5 | Ramp | array (size: 50×8×8) |
| 6 | PoolingLayer | array (size: 50×4×4) |
| 7 | FlattenLayer | vector (size: 800) |
| 8 | LinearLayer | vector (size: 500) |
| 9 | Ramp | vector (size: 500) |
| 10 | LinearLayer | vector (size: 10) |
| 11 | SoftmaxLayer | vector (size: 10) |
| | Output | class |

]

我们对这个神经网络并没有明确的“理论解释”，它只是在 1998 年作为一项工程被构建出来的，而且被发现可以奏效。（当然，这与把我们的大脑描述为通过生物进化过程产生并没有太大的区别。）

好吧，但是这样的神经网络是如何“识别事物”的呢？关键在于吸引子（attractor）的概念。假设我们有手写数字 1 和 2 的图像。

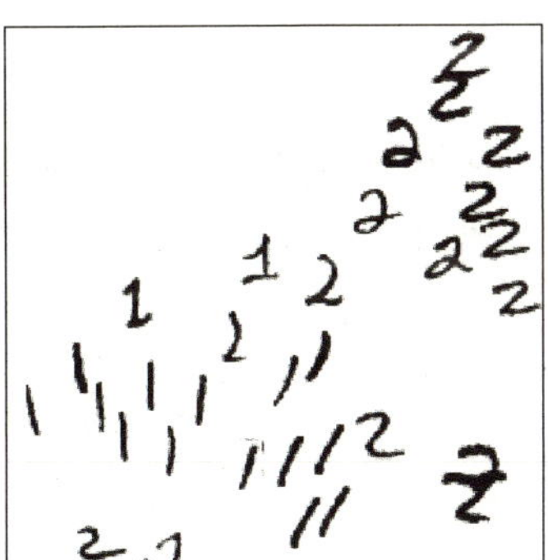

我们希望通过某种方式将所有的 1 “吸引到一个地方”，将所有的 2 “吸引到另一个地方”。换句话说，如果一个图像“更有可能是 1”而不是 2，我们希望它最终出现在“1 的地方”，反之亦然。

让我们做一个直白的比喻。假设平面上有一些位置，用点表示（在实际生活场景中，它们可能是咖啡店的位置）。然后我们可以想象，自己从平面上的任意一点出发，并且总是希望最终到达最近的点（即我们总是去最近的咖啡店）。可以通过用理想化的“分水岭”将平面分隔成不同的区域（“吸引子盆地”）来表示这一点。

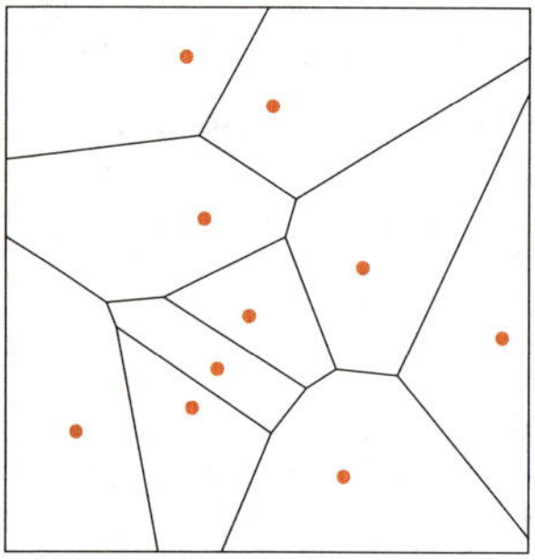

我们可以将这看成是执行一种“识别任务”，所做的不是识别一个给定图像“看起来最像”哪个数字，而是相当直接地看出哪个点距离给定的点最近。[ 这里展示的沃罗诺伊图（Voronoi diagram）将二维欧几里得空间中的点分隔开来。可以将数字识别任务视为在做一种非常类似的操作——只不过是在由每个图像中所有像素的灰度形成的 784 维空间中。]

那么如何让神经网络“执行识别任务”呢？让我们考虑下面这个非常简单的情况。

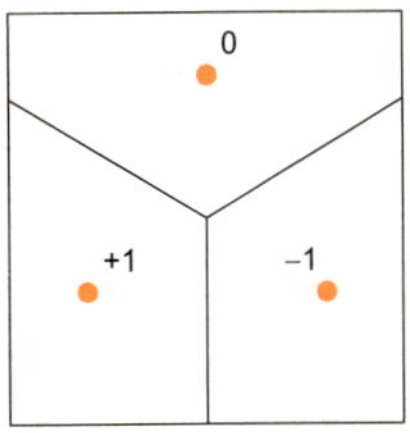


我们的目标是接收一个对应于位置 $\{x, y\}$ 的输入，然后将其“识别”为最接近它的三个点之一。换句话说，我们希望神经网络能够计算出一个如下图所示的关于 $\{x, y\}$ 的函数。

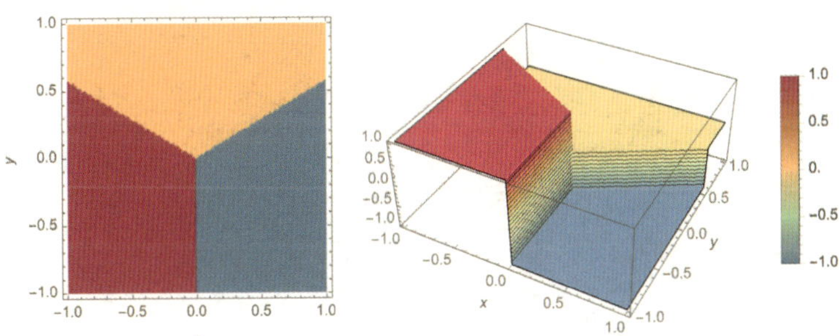

如何用神经网络实现这一点呢？归根结底，神经网络是由理想化的“神经元”组成的连接集合——通常是按层排列的。一个简单的例子如下所示。

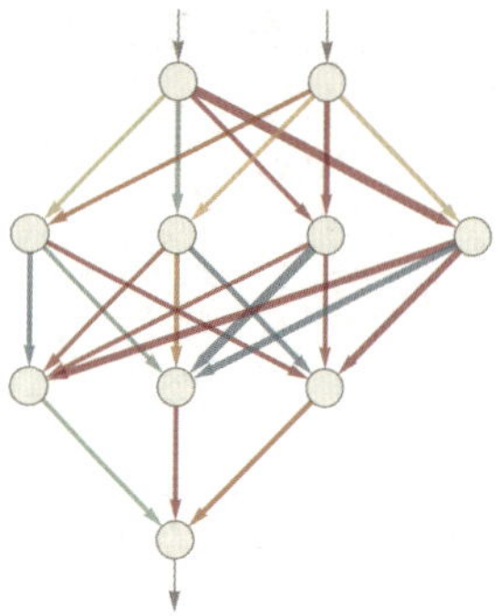

每个“神经元”都被有效地设置为计算一个简单的数值函数。为了“使用”这个网络，我们只需在顶部输入一些数（像我们的坐标 $x$ 和 $y$），然后让每层神经元“计算它们的函数的值”并在网络中将结果前馈，最后在底部产生最终结果。

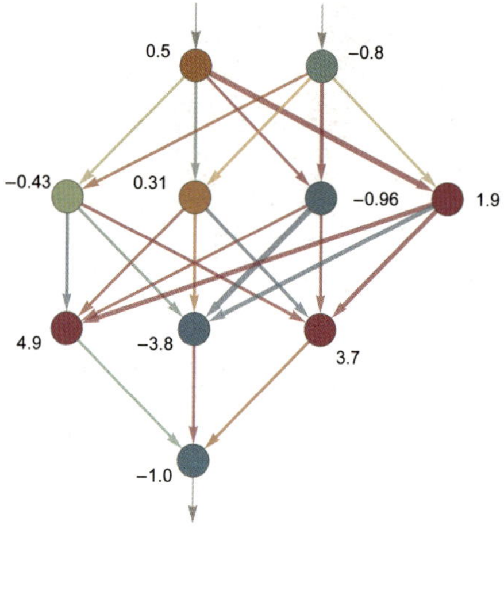

在传统（受生物学启发）的设置中，每个神经元实际上都有一些来自前一层神经元的“输入连接”，而且每个连接都被分配了一个特定的“权重”（可以为正或为负）。给定神经元的值是这样确定的：先分别将其“前一层神经元”的值乘以相应的权重并将结果相加，然后加上一个常数，最后应用一个“阈值”（或“激活”）函数。用数学术语来说，如果一个神经元有输入 $x = \{x_1, x_2, \cdots\}$，那么我们要计算 $f[w \cdot x + b]$。对于权重 $w$ 和常量 $b$，通常会为网络中的每个神经元选择不同的值；函数 $f$ 则通常在所有神经元中保持不变。

计算 $w \cdot x + b$ 只需要进行矩阵乘法和矩阵加法运算。激活函数 $f$ 则使用了非线性函数（最终会导致非平凡的行为）。下面是一些常用的激活函数，这里使用的是 Ramp（或 ReLU）。

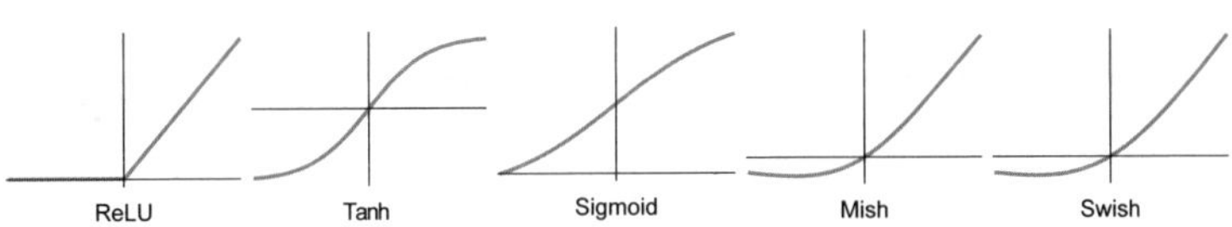


对于我们希望神经网络执行的每个任务（或者说，对于我们希望它计算的每个整体函数），都有不同的权重选择。（正如我们稍后将讨论的那样，这些权重通常是通过利用机器学习根据我们想要的输出的示例“训练”神经网络来确定的。）

最终，每个神经网络都只对应于某个整体的数学函数，尽管写出来可能很混乱。对于上面的例子，它是

$$
\begin{aligned}
&w_{511} f(w_{311} f(b_{11}+x\,w_{111}+y\,w_{112})+w_{312} f(b_{12}+x\,w_{121}+y\,w_{122})+\\
&\qquad w_{313} f(b_{13}+x\,w_{131}+y\,w_{132})+w_{314} f(b_{14}+x\,w_{141}+y\,w_{142})+b_{31})+\\
&\ w_{512} f(w_{321} f(b_{11}+x\,w_{111}+y\,w_{112})+w_{322} f(b_{12}+x\,w_{121}+y\,w_{122})+\\
&\qquad w_{323} f(b_{13}+x\,w_{131}+y\,w_{132})+w_{324} f(b_{14}+x\,w_{141}+y\,w_{142})+b_{32})+\\
&\ w_{513} f(w_{331} f(b_{11}+x\,w_{111}+y\,w_{112})+w_{332} f(b_{12}+x\,w_{121}+y\,w_{122})+\\
&\qquad w_{333} f(b_{13}+x\,w_{131}+y\,w_{132})+w_{334} f(b_{14}+x\,w_{141}+y\,w_{142})+b_{33})+b_{51}
\end{aligned}
$$

同样，ChatGPT 的神经网络也只对应于一个这样的数学函数——它实际上有数十亿项。

现在，让我们回头看看单个神经元。下图展示了一个具有两个输入（代表坐标 $x$ 和 $y$）的神经元可以通过各种权重和常数（以及激活函数 Ramp）计算出的一些示例。

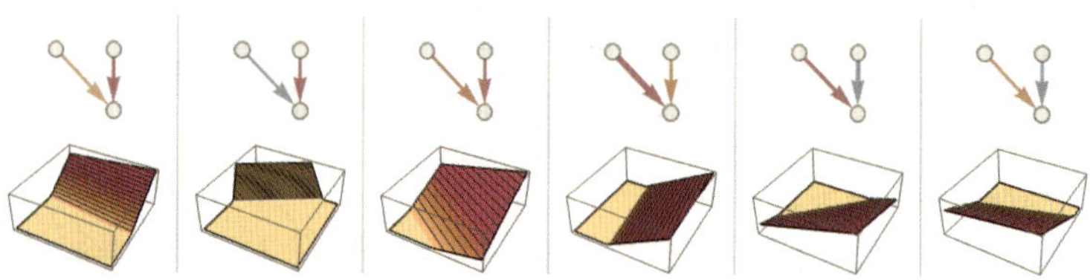

对于上面提到的更大的网络呢？它的计算结果如下所示。

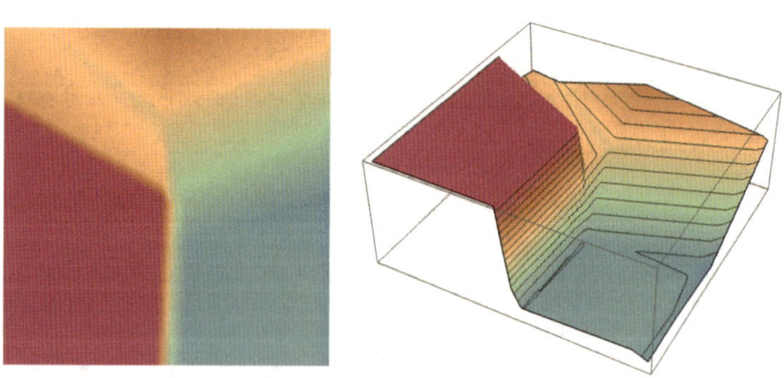

虽然不完全“正确”，但它接近上面展示的“最近点”函数。

再来看看其他的一些神经网络吧。在每种情况下，我们都使用机器学习来找到最佳的权重选择。这里展示了神经网络用这些权重计算出的结果。

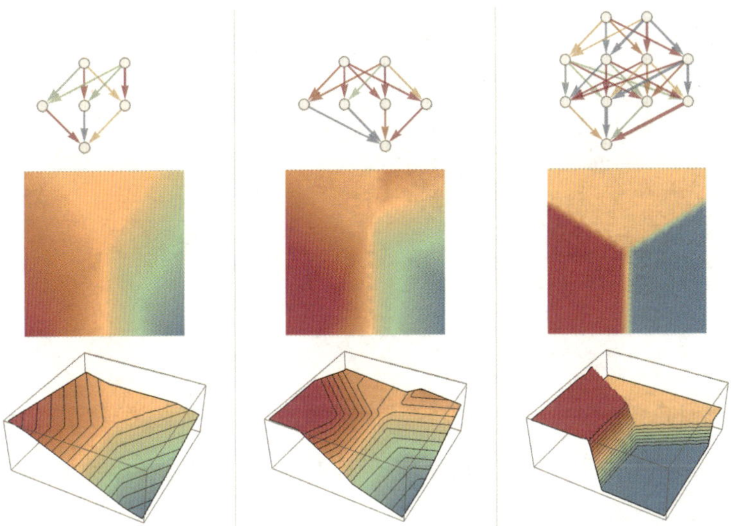

更大的神经网络通常能更好地逼近我们所求的函数。在“每个吸引子盆地的中心”，我们通常能确切地得到想要的答案。但在边界处，也就是神经网络“很难下定决心”的地方，情况可能会更加混乱。

在这个简单的数学式“识别任务”中，“正确答案”显而易见。但在识别手写数字的问题上，答案就不那么明显了。如果有人把 2 写得像 7 一样怎么办？类似的问题非常常见。尽管如此，我们仍然可以询问神经网络是如何区分数字的，下面给出了一个答案。

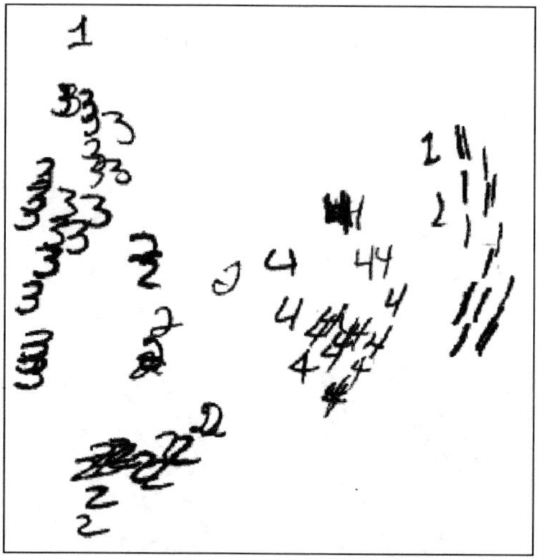

我们能“从数学上”解释网络是如何做出区分的吗？并不能。它只是在“做神经网络要做的事”。但是事实证明，这通常与我们人类所做的区分相当吻合。

让我们更详细地讨论一个例子。假设我们有猫的图像和狗的图像，以及一个经过训练、能区分它们的神经网络。以下是该神经网络可能对某些图像所做的事情。

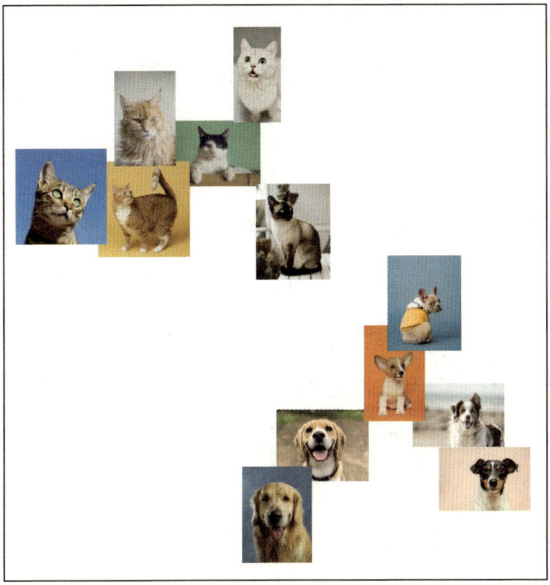

这里的“正确答案”更加不明显了。穿着猫咪衣服的狗怎么分？等等。无论输入什么，神经网络都会生成一个答案。结果表明，它的做法相当符合人类的思维方式。正如上面所说的，这并不是我们可以“根据第一性原则推导”出来的事实。这只是一些经验性的发现，至少在某些领域是正确的。但这是神经网络有用的一个关键原因：它们以某种方式捕捉了“类似人类”的做事方式。

找一张猫的图片看看，并问自己：“为什么这是一只猫？”你也许会说“我看到了它尖尖的耳朵”，等等。但是很难解释你是如何把这个图像识别为一只猫的。你的大脑就是不知怎么地想明白了。但是（至少目前还）没有办法去大脑“内部”看看它是如何想明白的。那么，对于（人工）神经网络呢？当你展示一张猫的图片时，很容易看到每个“神经元”的作用。不过，即使要对其进行基本的可视化，通常也非常困难。

在上面用于解决“最近点”问题的最终网络中，有 17 个神经元；在用于识别手写数字的网络中，有 2190 个神经元；而在用于识别猫和狗的网络中，有 60 650 个神经元。通常很难可视化出 60 650 维的空间。但由于这是一个用于处理图像的网络，其中的许多神经元层被组织成了数组，就像它查看的像素数组一样。

下面以一个典型的猫的图像为例。

我们可以用一组衍生图像来表示第一层神经元的状态，其中的许多可以被轻松地解读为“不带背景的猫”或“猫的轮廓”。

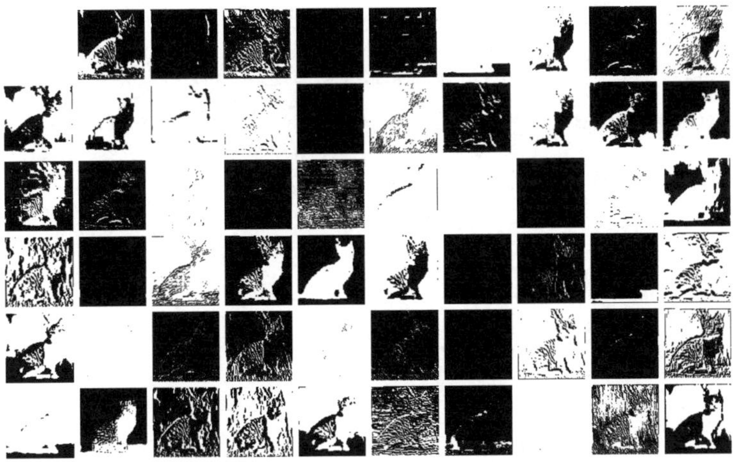

到第 10 层，就很难解读这些是什么了。

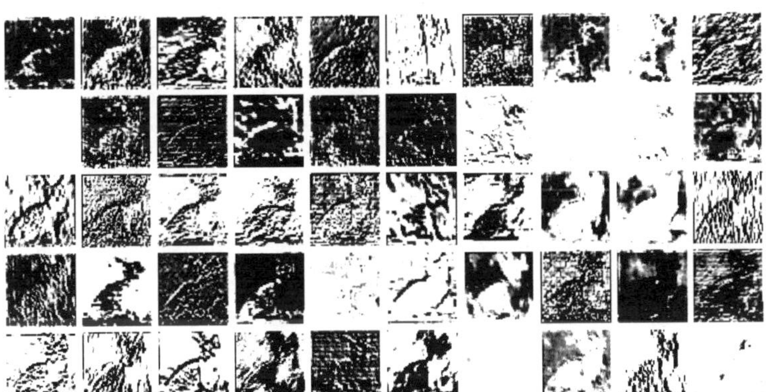

但是总的来说，我们可以说神经网络正在“挑选出某些特征”（也许尖尖的耳朵是其中之一），并使用这些特征来确定图像的内容。但是，这些特征能否用语言描述出来（比如“尖尖的耳朵”）呢？大多数情况下不能。

我们的大脑是否使用了类似的特征呢？我们多半并不知道。但值得注意的是，一些神经网络（像上面展示的这个）的前几层似乎会挑选出图像的某些方面（例如物体的边缘），而这些方面似乎与我们知道的大脑中负责视觉处理的第一层所挑选出的相似。

假设我们想得到神经网络中的“猫识别理论”，可以说：“看，这个特定的网络可以做到这一点。”这会立即让我们对“问题的难度”有一些了解（例如，可能需要多少个神经元或多少层）。但至少到目前为止，我们没办法对网络正在做什么“给出语言描述”。也许这是因为它确实是计算不可约的，除了明确跟踪每一步之外，没有可以找出它做了什么的一般方法。也有可能只是因为我们还没有“弄懂科学”，也没有发现能总结正在发生的事情的“自然法则”。

当使用 ChatGPT 生成语言时，我们会遇到类似的问题，而且目前尚不清楚是否有方法来“总结它所做的事情”。但是，语言的丰富性和细节（以及我们的使用经验）可能会让我们比图像处理取得更多进展。

## 机器学习和神经网络的训练

到目前为止，我们一直在讨论“已经知道”如何执行特定任务的神经网络。但神经网络之所以很有用（人脑中的神经网络大概也如此），原因不仅在于它可以执行各种任务，还在于它可以通过逐步“根据样例训练”来学习执行这些任务。

当构建一个神经网络来区分猫和狗的图像时，我们不需要编写一个程序来（比如）明确地找到胡须，只需要展示很多关于什么是猫和什么是狗的样例，然后让神经网络从中“机器学习”如何区分它们即可。

重点在于，已训练的神经网络能够对所展示的特定例子进行“泛化”。正如我们之前看到的，神经网络不仅能识别猫图像的样例的特定像素模式，还能基于我们眼中的某种“猫的典型特征”来区分图像。

神经网络的训练究竟是如何起效的呢？本质上，我们一直在尝试找到能使神经网络成功复现给定样例的权重。然后，我们依靠神经网络在这些样例“之间”进行“合理”的“插值”（或“泛化”）。

让我们看一个比“最近点”问题更简单的问题，只试着让神经网络学习如下函数。

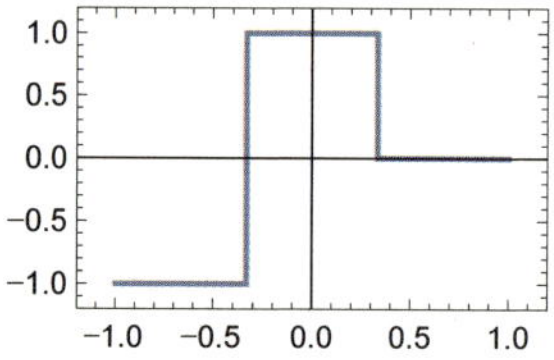


对于这个任务，我们需要只有一个输入和一个输出的神经网络。

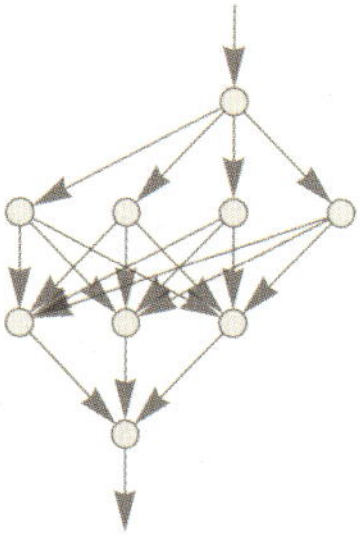

但是，应该使用什么样的权重呢？对于每组可能的权重，神经网络都将计算出某个函数。例如，下面是它对于几组随机选择的权重计算出的函数。

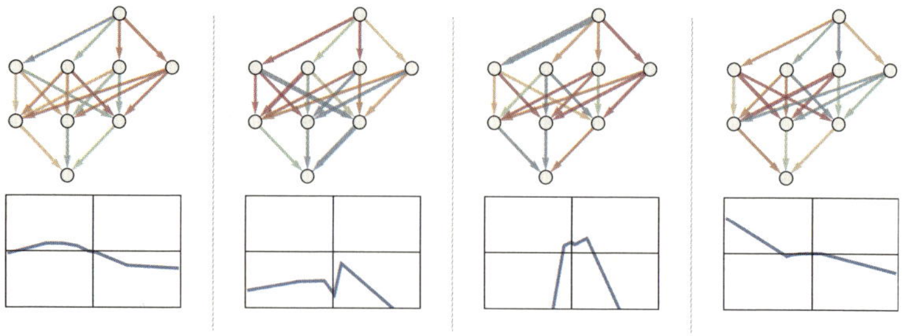

可以清楚地看到，这些函数与我们想要的函数相去甚远。那么，如何才能找到能够复现函数的权重呢?

基本思想是提供大量的“输入→输出”样例以供“学习”，然后尝试找到能够复现这些样例的权重。以下是逐渐增加样例后所得的结果。

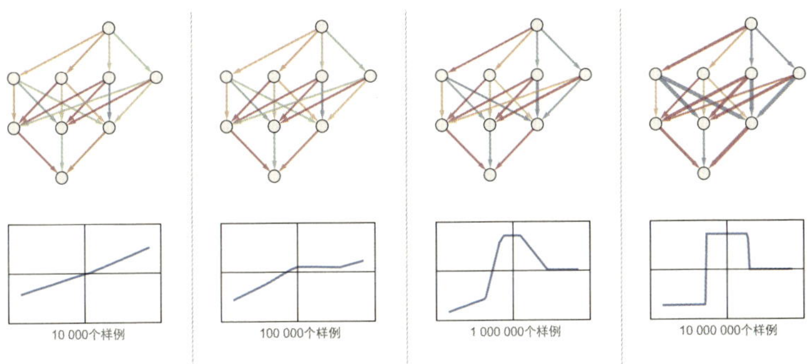


在该“训练”的每个阶段，都会逐步调整神经网络的权重，我们会发现最终得到了一个能成功复现我们想要的函数的神经网络。应该如何调整权重呢? 基本思想是，在每个阶段看一下我们离想要的函数“有多远”，然后朝更接近该函数的方向更新权重。

为了明白离目标“有多远”，我们计算“损失函数”（有时也称为“成本函数”）。这里使用了一个简单的（L2）损失函数，就是我们得到的值与真实值之间的差异的平方和。随着训练过程不断进行，我们看到损失函数逐渐减小（遵循特定的“学习曲线”，不同任务的学习曲线不同），直到神经网络成功地复现（或者至少很好地近似）我们想要的函数。

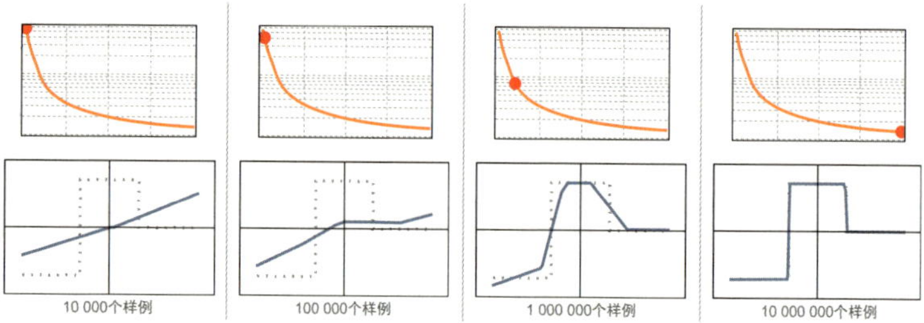


最后需要解释的关键是，如何调整权重以减小损失函数。正如我们所说的，损失函数给出了我们得到的值和真实值之间的“距离”。但是“我们得到的值”在每个阶段是由神经网络的当前版本和其中的权重确定的。现在假设权重是变量，比如 $w_i$。我们想找出如何调整这些变量的值，以最小化取决于它们的损失。

让我们对实践中使用的典型神经网络进行极大的简化，想象只有两个权重 $w_1$ 和 $w_2$。然后，我们可能会有一个损失函数，它作为 $w_1$ 和 $w_2$ 的函数看起来如下所示。

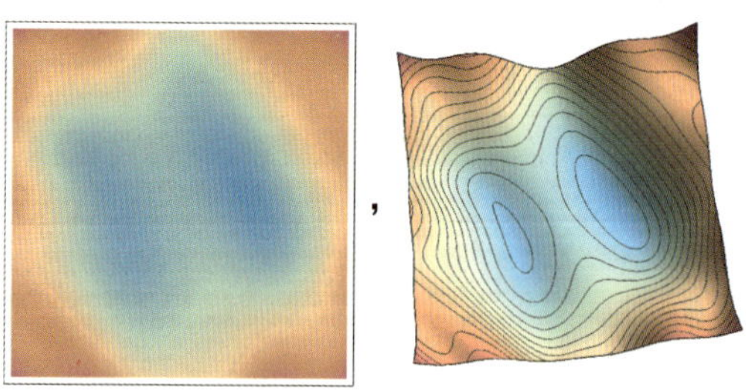

数值分析提供了各种技术来帮我们找到这种情况下的最小损失。一个典型的方法就是从之前的任意 $w_1$ 和 $w_2$ 开始，逐步沿着最陡的下降路径前进。

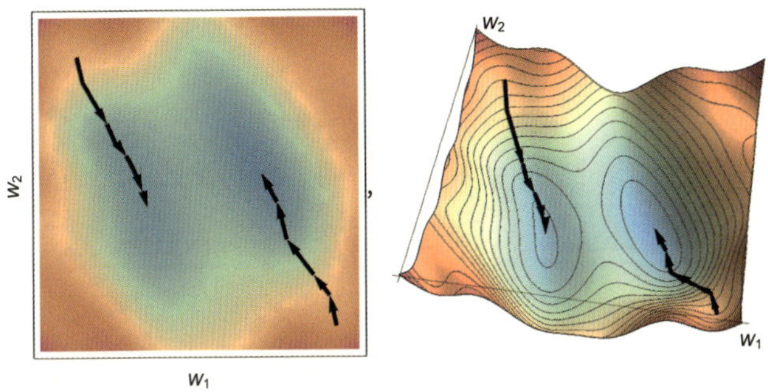


就像水从山上流下来一样，只能保证会到达表面上的某个局部最小值（“一个山湖”），但不一定能到达最终的全局最小值。

似乎不太容易在“权重景观”中找到最陡的下降路径，但是微积分可以拯救我们。正如上面提到的，我们总是可以将神经网络视为计算出一个数学函数——取决于其输入和权重。现在考虑对这些权重进行微分。结果表明，微积分的链式法则实际上让我们解开了神经网络中连续各层所做操作的谜团。结果是，我们可以——至少在某些局部近似中——“反转”神经网络的操作，并逐步找到使与输出相关的损失最小化的权重。

上图展示了，在仅有两个权重的情况下可能需要进行的最小化工作。但是事实证明，即使有更多的权重（ChatGPT 使用了 1750 亿个权重），也仍然可以进行最小化，至少可以在某种程度上进行近似。实际上，“深度学习”在 2012 年左右的重大突破与如下发现有关：与权重相对较少时相比，在涉及许多权重时，进行最小化（至少近似）可能会更容易。

换句话说，有时候用神经网络解决复杂问题比解决简单问题更容易——这似乎有些违反直觉。大致原因在于，当有很多“权重变量”时，高维空间中有“很多不同的方向”可以引导我们到达最小值；而当变量较少时，很容易陷入局部最小值的“山湖”，无法找到“出去的方向”。

值得指出的是，在典型情况下，有许多不同的权重集合可以使神经网络具有几乎相同的性能。在实际的神经网络训练中，通常会做出许多随机选择，导致产生一些“不同但等效”的解决方案，就像下面这些一样。

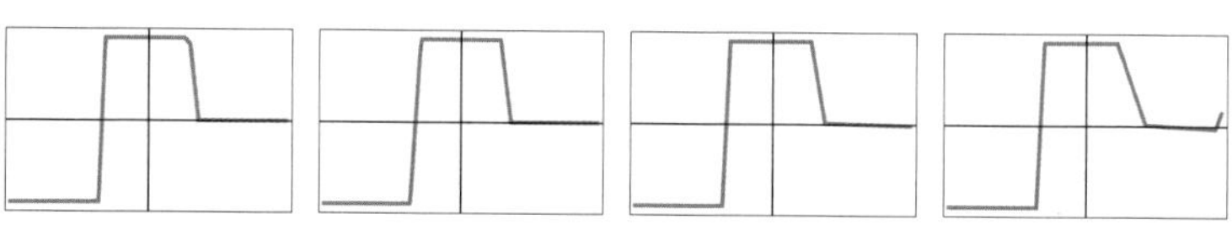

但是每个这样的“不同解决方案”都会有略微不同的行为。假如在我们给出训练样例的区域之外进行“外插”（extrapolation），可能会得到截然不同的结果。

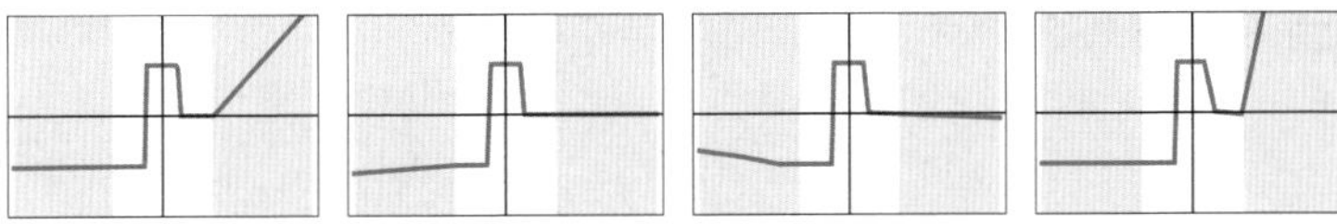

哪一个是“正确”的呢？实际上没有办法确定。它们都“与观察到的数据一致”。但它们都对应着“在已知框架外”进行“思考”的不同的“固有方式”。只是有些方式对我们人类来说可能“更合理”。

## 神经网络训练的实践和学问

在过去的十年中，神经网络训练的艺术已经有了许多进展。是的，它基本上是一门艺术。有时，尤其是回顾过去时，人们在训练中至少可以看到一丝“科学解释”的影子了。但是在大多数情况下，这些解释是通过试错发现的，并且添加了一些想法和技巧，逐渐针对如何使用神经网络建立了一门重要的学问。

这门学问有几个关键部分。首先是针对特定的任务使用何种神经网络架构的问题。然后是如何获取用于训练神经网络的数据的关键问题。在越来越多的情况下，人们并不从头开始训练网络：一个新的网络可以直接包含另一个已经训练过的网络，或者至少可以使用该网络为自己生成更多的训练样例。

有人可能会认为，每种特定的任务都需要不同的神经网络架构。但事实上，即使对于看似完全不同的任务，同样的架构通常也能够起作用。在某种程度上，这让人想起了通用计算（universal computation）的概念和我的计算等价性原理（Principle of Computational Equivalence），但是，正如后面将讨论的那样，我认为这更多地反映了我们通常试图让神经网络去完成的任务是“类人”任务，而神经网络可以捕捉相当普遍的“类人过程”。

在神经网络的早期发展阶段，人们倾向于认为应该“让神经网络做尽可能少的事”。例如，在将语音转换为文本时，人们认为应该先分析语音的音频，再将其分解为音素，等等。但是后来发现，（至少对于“类人任务”）最好的方法通常是尝试训练神经网络来“解决端到端的问题”，让它自己“发现”必要的中间特征、编码等。

还有一种想法是，应该将复杂的独立组件引入神经网络，以便让它有效地“显式实现特定的算法思想”。但结果再次证明，这在大多数情况下并不值得；相反，最好只处理非常简单的组件，并让它们“自我组织”（尽管通常是以我们无法理解的方式）来实现（可能）等效的算法思想。

这并不意味着没有与神经网络相关的“结构化思想”。例如，至少在处理图像的最初阶段，拥有局部连接的神经元二维数组似乎非常有用。而且，拥有专注于“在序列数据中‘回头看’”的连接模式在处理人类语言方面，例如在ChatGPT中，似乎很有用（后面我们将看到）。

神经网络的一个重要特征是，它们说到底只是在处理数据——和计算机一样。目前的神经网络及其训练方法具体处理的是由数值组成的数组，但在处理过程中，这些数组可以完全重新排列和重塑。例如，前面用于识别数字的网络从一个二维的“类图像”数组开始，迅速“增厚”为许多通道，但然后会“浓缩”成一个一维数组，最终包含的元素代表可能输出的不同数字。

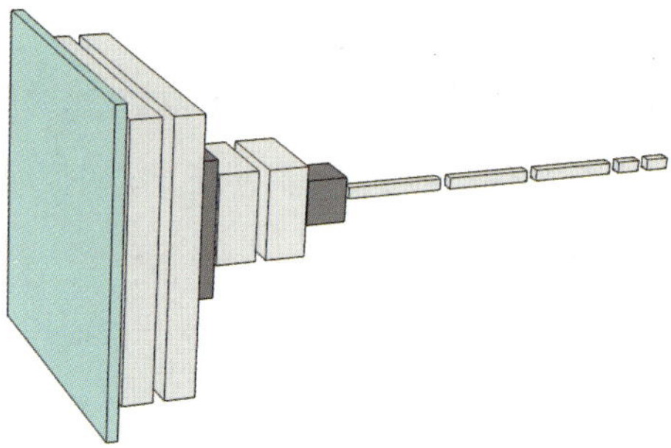

但是，如何确定特定的任务需要多大的神经网络呢？这有点像一门艺术。在某种程度上，关键是要知道“任务有多难”。但是类人任务的难度通常很难估计。是的，可能有一种系统化的方法可以通过计算机来非常“机械”地完成任务，但是很难知道是否有一些技巧或捷径有助于更轻松地以“类人水平”完成任务。可能需要枚举一棵巨大的对策树才能“机械”地玩某个游戏，但也可能有一种更简单的（“启发式”）方法来实现“类人的游戏水平”。

当处理微小的神经网络和简单任务时，有时可以明确地看到“无法从这里到达那里”。例如，下面是在上一节任务中的几个小神经网络能够得到的最佳结果。

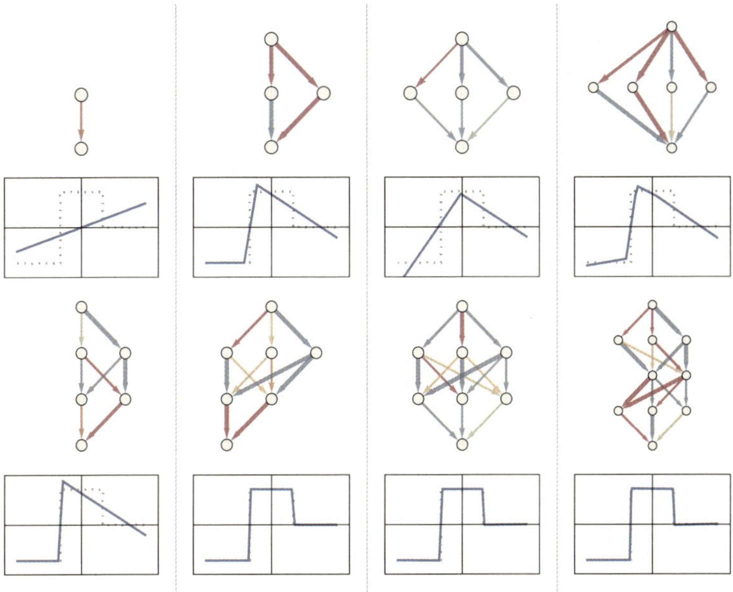

我们看到的是，如果神经网络太小，它就无法复现我们想要的函数。但是只要超过某个大小，它就没有问题了——前提是至少训练足够长的时间，提供足够的样例。顺便说一句，这些图片说明了神经网络学问中的一点：如果中间有一个“挤压”（squeeze），迫使一切都通过中间较少的神经元，那么通常可以使用较小的网络。[值得一提的是，“无中间层”（或所谓的“感知机”）网络只能学习基本线性函数，但是只要有一个中间层（至少有足够的神经元），原则上就始终可以任意好地逼近任何函数，尽管为了使其可行地训练，通常会做某种规范化或正则化。]

好吧，假设我们已经确定了一种特定的神经网络架构。现在的问题是如何获取用于训练网络的数据。神经网络（及广义的机器学习）的许多实际挑战集中在获取或准备必要的训练数据上。在许多情况（“监督学习”）下，需要获取明确的输入样例和期望的输出。例如，我们可能希望根据图像中的内容或其他属性添加标签，而浏览图像并添加标签通常需要耗费大量精力。不过很多时候，可以借助已有的内容或者将其用作所需内容的替代。例如，可以使用互联网上提供的 alt 标签。还有可能在不同的领域中使用为视频创建的隐藏式字幕。对于语言翻译训练，可以使用不同语言的平行网页或平行文档。

为特定的任务训练神经网络需要多少数据？根据第一性原则很难估计。使用“迁移学习”可以将已经在另一个神经网络中学习到的重要特征列表“迁移过来”，从而显著降低对数据规模的要求。但是，神经网络通常需要“看到很多样例”才能训练好。至少对于某些任务而言，神经网络学问中很重要的一点是，样例的重复可能超乎想象。事实上，不断地向神经网络展示所有的样例是一种标准策略。在每个“训练轮次”（training round 或 epoch）中，神经网络都会处于至少稍微不同的状态，而且向它“提醒”某个特定的样例对于它“记忆该样例”是有用的。（是的，这或许类似于重复在人类记忆中的有用性。）

然而，仅仅不断重复相同的样例并不够，还需要向神经网络展示样例的变化。神经网络学问的一个特点是，这些“数据增强”的变化并不一定要很复杂才有用。只需使用基本的图像处理方法稍微修改图像，即可使其在神经网络训练中基本上“像新的一样好”。与之类似，当人们在训练自动驾驶汽车时用完了实际的视频等数据，可以继续在模拟的游戏环境中获取数据，而不需要真实场景的所有细节。

那么 ChatGPT 呢？它有一个很好的特点，就是可以进行“无监督学习”，这样更容易获取训练样例。回想一下，ChatGPT 的基本任务是弄清楚如何续写一段给定的文本。因此，要获得“训练样例”，要做的就是取一段文本，并将结尾遮盖起来，然后将其用作“训练的输入”，而“输出”则是未被遮盖的完整文本。我们稍后会更详细地讨论这个问题，这里的重点是——（与学习图像内容不同）不需要“明确的标签”，ChatGPT 实际上可以直接从它得到的任何文本样例中学习。

神经网络的实际学习过程是怎样的呢？归根结底，核心在于确定哪些权重能够最好地捕捉给定的训练样例。有各种各样的详细选择和“超参数设置”（之所以这么叫，是因为权重也称为“参数”），可以用来调整如何进行学习。有不同的损失函数可以选择，如平方和、绝对值和，等等。有不同的损失最小化方法，如每一步在权重空间中移动多长的距离，等等。然后还有一些问题，比如“批量”（batch）展示多少个样例来获得要最小化的损失的连续估计。是的，我们可以（像在 Wolfram 语言中所做的一样）应用机器学习来自动化机器学习，并自动设置超参数等。

最终，整个训练过程可以通过损失的减小趋势来描述（就像这个经过小型训练的 Wolfram 语言进度监视器一样）。

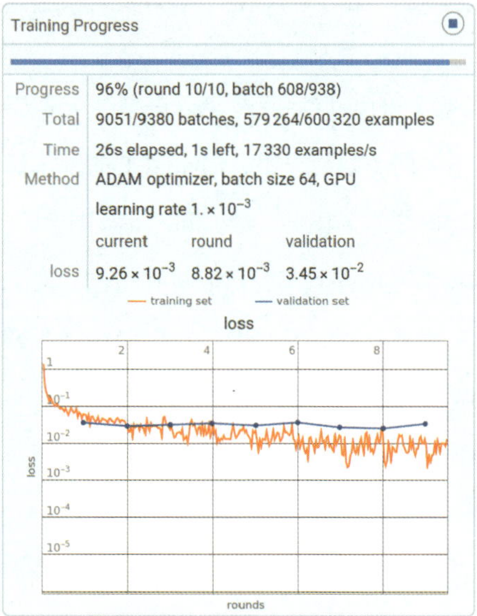


损失通常会在一段时间内逐渐减小，但最终会趋于某个恒定值。如果该值足够小，可以认为训练是成功的；否则可能暗示着需要尝试更改网络的架构。

能确定“学习曲线”要多久才能趋于平缓吗？似乎也存在一种取决于神经网络大小和数据量的近似幂律缩放关系。但总的结论是，训练神经网络很难，并且需要大量的计算工作。实际上，绝大部分工作是在处理数的数组，这正是 GPU 擅长的——这也是为什么神经网络训练通常受限于可用的 GPU 数量。

未来，是否会有更好的方法来训练神经网络或者完成神经网络的任务呢？我认为答案几乎是肯定的。神经网络的基本思想是利用大量简单（本质上相同）的组件来创建一个灵活的“计算结构”，并使其能够逐步通过学习样例得到改进。在当前的神经网络中，基本上是利用微积分的思想（应用于实数）来进行这种逐步的改进。但越来越清楚的是，重点并不是拥有高精度数值，即使使用当前的方法，8 位或更少的数也可能已经足够了。

对于像元胞自动机这样大体是在许多单独的位上进行并行操作的计算系统，虽然我们一直不明白如何进行这种增量改进，但没有理由认为这不可能实现。实际上，就像“2012 年的深度学习突破”一样，这种增量改进在复杂情况下可能会比在简单情况下更容易实现。

神经网络（或许有点像大脑）被设置为具有一个基本固定的神经元网络，能改进的是它们之间连接的强度（“权重”）。（或许在年轻的大脑中，还可以产生大量全新的连接。）虽然这对生物学来说可能是一种方便的设置，但并不清楚它是否是实现我们所需功能的最佳方式。涉及渐进式网络重写的东西（可能类似于我们的物理项目[①]），可能最终会做得更好。

但即使仅在现有神经网络的框架内，也仍然存在一个关键限制：神经网络的训练目前基本上是顺序进行的，每批样例的影响都会被反向传播以更新权重。事实上，就目前的计算机硬件而言，即使考虑到 GPU，神经网络的大部分在训练期间的大部分时间里也是“空闲”的，一次只有一个部分被更新。从某种意义上说，这是因为当前的计算机往往具有独立于 CPU（或 GPU）的内存。但大脑中的情况可能不同——每个“记忆元素”（即神经元）也是一个潜在的活跃的计算元素。如果我们能够这样设置未来的计算机硬件，就可能会更高效地进行训练。

① Physics Project，详见作者的网站“The Wolfram Physics Project”。——编者注

# “足够大的神经网络当然无所不能！”

ChatGPT 的能力令人印象深刻，以至于人们可能会想象，如果能够在此基础上继续努力，训练出越来越大的神经网络，那么它们最终将“无所不能”。对于那些容易被人类思维理解的事物，这确实很可能是成立的。但我们从科学在过去几百年间的发展中得出的教训是，有些事物虽然可以通过形式化的过程来弄清楚，但并不容易立即为人类思维所理解。

非平凡的数学就是一个很好的例子，但实际而言，一般的例子是计算。最终的问题是计算不可约性。有些计算虽然可能需要很多步才能完成，但实际上可以“简化”为相当直接的东西。但计算不可约性的发现意味着这并不总是有效的。对于一些过程（可能像下面的例子一样），无论如何都必须回溯每个计算步骤才能弄清楚发生了什么。

我们通常用大脑做的那类事情，大概是为了避免计算不可约性而特意选择的。在大脑中进行数学运算需要特殊的努力。而且在实践中，稍微复杂点的程序，人就没办法只靠脑子来执行了。

当然，我们可以用计算机来做这些。有了计算机，就可以轻松地完成耗时很长、计算不可约的任务。关键是，完成这些任务一般来说没有捷径可走。

是的，我们可以记住在某个特定计算系统中发生的事情的许多具体例子，也许甚至可以看到一些（计算可约的）模式，使我们能够做一些泛化。但关键是，计算不可约性意味着我们永远不能保证意外不会发生——只有通过明确的计算，才能知道在任何特定的情况下会实际发生什么。

说到底，可学习性和计算不可约性之间存在根本的矛盾。学习实际上涉及通过利用规律来压缩数据，但计算不可约性意味着最终对可能存在的规律有一个限制。

在实践中，人们可以想象将（像元胞自动机或图灵机这样的）小型计算设备构建到可训练的神经网络系统中。实际上，这样的设备可以成为神经网络的好“工具”，就像 Wolfram|Alpha 可以成为 ChatGPT 的好工具一样。但是计算不可约性意味着人们不能指望“进入”这些设备并让它们学习。

换句话说，能力和可训练性之间存在着一个终极权衡：你越想让一个系统“真正利用”其计算能力，它就越会表现出计算不可约性，从而越不容易被训练；而它在本质上越易于训练，就越不能进行复杂的计算。

（对于当前的 ChatGPT，情况实际上要极端得多，因为用于生成每个输出标记的神经网络都是纯“前馈”网络、没有循环，因此无法使用非平凡“控制流”进行任何计算。）

当然，你可能会问，能够进行不可约计算是否真的很重要。实际上，在人类历史的大部分时间里，这并不是特别重要。但我们的现代技术世界是建立在工程学的基础上的，而工程学利用了数学计算，并且越来越多地利用了更一般的计算。看看自然界，会发现它充满了不可约计算——我们正在慢慢地理解如何模拟和利用它们来达到我们的技术目的。

神经网络确实可以注意到自然界中我们通过“无辅助的人类思维”也能轻易注意到的规律。但是，如果我们想解决数学或计算科学领域的问题，神经网络将无法完成任务，除非它能有效地使用一个“普通”的计算系统作为“工具”。

但是，这一切可能会带来一些潜在的困惑。过去，我们认为计算机完成很多任务（包括写文章）在“本质上太难了”。现在我们看到像 ChatGPT 这样的系统能够完成这些任务，会倾向于突然认为计算机一定变得更加强大了，特别是在它们已经基本能够完成的事情（比如逐步计算元胞自动机等计算系统的行为）上实现了超越。

但这并不是正确的结论。计算不可约过程仍然是计算不可约的，对于计算机来说仍然很困难，即使计算机可以轻松计算其中的每一步。我们应该得出的结论是，（像写文章这样）人类可以做到但认为计算机无法做到的任务，在某种意义上计算起来实际上比我们想象的更容易。

换句话说，神经网络能够在写文章的任务中获得成功的原因是，写文章实际上是一个“计算深度较浅”的问题，比我们想象的简单。从某种意义上讲，这使我们距离对于人类如何处理类似于写文章的事情（处理语言）“拥有一种理论”更近了一步。

如果有一个足够大的神经网络，那么你可能能够做到人类可以轻易做到的任何事情。但是你无法捕捉自然界一般而言可以做到的事情，或者我们用自然界塑造的工具可以做到的事情。而正是这些工具的使用，无论是实用性的还是概念性的，近几个世纪以来使我们超越了“纯粹的无辅助的人类思维”的界限，为人类获取了物理宇宙和计算宇宙之外的很多东西。

## “嵌入”的概念

神经网络，至少以目前的设置来说，基本上是基于数的。因此，如果要用它来处理像文本这样的东西，我们需要一种用数表示文本的方法。当然，我们可以（本质上和 ChatGPT 一样）从为字典中的每个词分配一个数开始。但有一个重要的思想——也是 ChatGPT 的中心思想——更胜一筹。这就是“嵌入”（embedding）的思想。可以将嵌入视为一种尝试通过数的数组来表示某些东西“本质”的方法，其特性是“相近的事物”由相近的数表示。

例如，我们可以将词嵌入视为试图在一种“意义空间”中布局词，其中“在意义上相近”的词会出现在相近的位置。实际使用的嵌入（例如在 ChatGPT 中）往往涉及大量数字列表。但如果将其投影到二维平面上，则可以展示嵌入对词的布局方式。

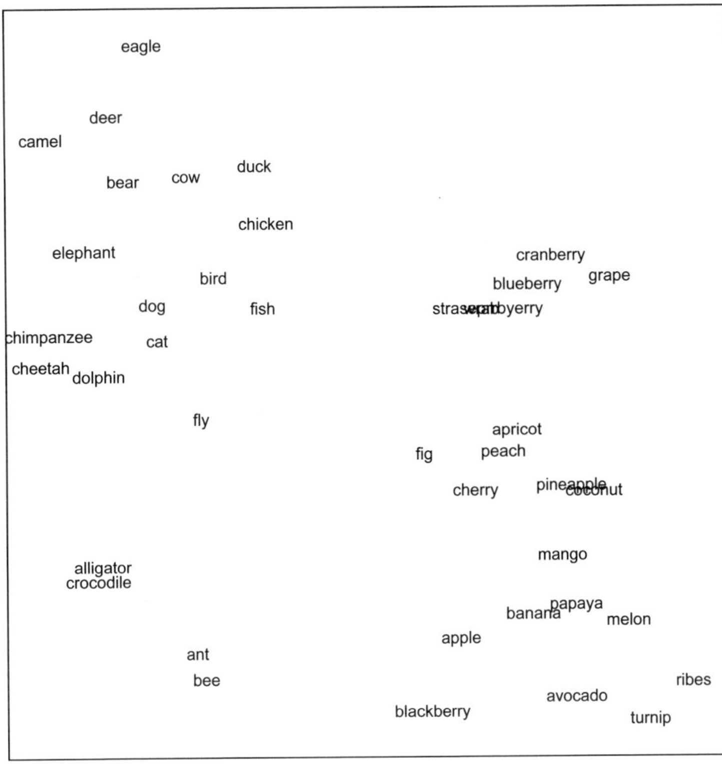


可以看到，这确实非常成功地捕捉了我们典型的日常印象。但是如何才能构建这样的嵌入呢？大致的想法是查看大量的文本（这里查看了来自互联网的 50 亿个词），然后看看各个词出现的“环境”有多“相似”。例如，alligator（短吻鳄）和 crocodile（鳄鱼）在相似的句子中经常几乎可以互换，这意味着它们将在嵌入中被放在相近的位置。但是，turnip（芜菁）和 eagle（鹰）一般不会出现在相似的句子中，因此将在嵌入中相距很远。

如何使用神经网络实际实现这样的机制呢？让我们从讨论图像的嵌入而非词嵌入开始。我们希望找到一种以数字列表来表征图像的方法，以便为“我们认为相似的图像”分配相似的数字列表。

如何判断我们是否应该“认为图像相似”呢？对于手写数字图像，如果两个图像是同一个数字，我们就可能会认为它们是相似的。前面，我们讨论了一个被训练用于识别手写数字的神经网络。可以将这个神经网络看作被设置成在最终输出中将图像放入 10 个不同的箱（bin）中，每个箱对应一个数字。

如果在神经网络做出“这是 4”的最终决策之前“拦截”其内部进程，会发生什么呢？我们可能会期望，神经网络内部有一些数值，将图像表征为“大部分类似于 4 但有点类似于 2”。想法是获取这些数值并将其作为嵌入中的元素使用。

这里的关键概念是，我们不直接尝试表征“哪个图像接近哪个图像”，而是考虑一个定义良好、可以获取明确的训练数据的任务（这里是数字识别），然后利用如下事实：在完成这个任务时，神经网络隐含地必须做出相当于“接近度决策”的决策。因此，我们不需要明确地谈论“图像的接近度”，而是只谈论图像代表什么数字的具体问题，然后“让神经网络”隐含地确定这对于“图像的接近度”意味着什么。

对于数字识别网络来说，这是如何具体操作的呢？我们可以将该网络想象成由 11 个连续的层组成，并做如下简化（将激活函数显示为单独的层）。

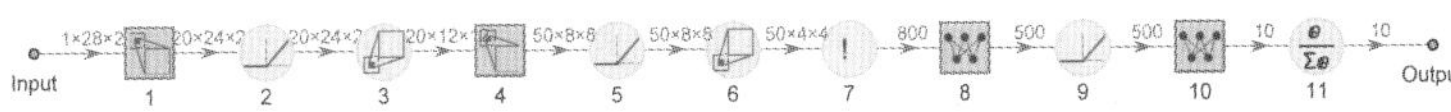


在开始，我们将实际图像输入第一层，这些图像由其像素值的二维数组表示。在最后，我们（从最后一层）得到一个包含 10 个值的数组，可以认为这些值表示网络对图像与数字 0 到 9 的对应关系的确定程度。

输入图像 ，最后一层中神经元的值为

$$\{1.42071\times10^{-22}, 7.69857\times10^{-14}, 1.9653\times10^{-16}, 5.55229\times10^{-21}, 1., 8.33841\times10^{-14}, 6.89742\times10^{-17}, 6.52282\times10^{-19}, 6.51465\times10^{-12}, 1.97509\times10^{-14}\}$$

换句话说，神经网络现在“非常确定”这个图像是一个 4——为了得到输出的 4，我们只需要找出具有最大值的神经元的位置。

如果我们再往前看一步呢？网络中的最后一个操作是所谓的 softmax，它试图“强制推出确定性”。在此之前，神经元的值是

{–26.134, –6.02347, –11.994, –22.4684, 24.1717, –5.94363, –13.0411, –17.7021, –1.58528, –7.38389}

代表数字 4 的神经元仍然具有最大的数值，但是其他神经元的值中

也有信息。我们可以期望这个数字列表在某种程度上能用来表征图像的“本质”，从而提供可以用作嵌入的东西。例如，这里的每个 4 都具有略微不同的“签名”（或“特征嵌入”），与 8 完全不同。

这里，我们基本上是用 10 个数来描述图像的。但使用更多的数通常更好。例如，在我们的数字识别网络中，可以通过接入前一层来获取一个包含 500 个数的数组。这可能是一个可以用作“图像嵌入”的合理数组。

如果想要对手写数字的“图像空间”进行明确的可视化，需要将我们得到的 500 维向量投影到（例如）三维空间中来有效地“降维”。

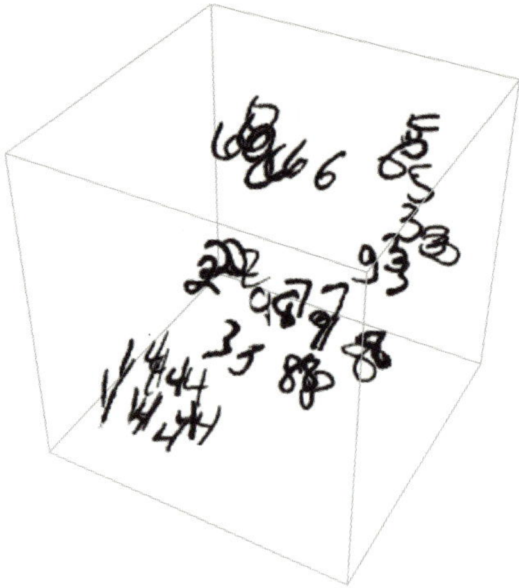

我们刚刚谈论了为图像创建特征（并嵌入）的方法，它的基础实际上是通过（根据我们的训练集）确定一些图像是否对应于同一个手写数字来识别它们的相似性。如果我们有一个训练集，可以识别每个图像属于 5000 种常见物体（如猫、狗、椅子……）中的哪一种，就可以做更多这样的事情。这样，就能以我们对常见物体的识别为“锚点”创建一个图像嵌入，然后根据神经网络的行为“围绕它进行泛化”。关键是，这种行为只要与我们人类感知和解读图像的方式一致，就将最终成为一种“我们认为正确”且在实践中对执行“类人判断”的任务有用的嵌入。

那么如何采用相同的方法来找到对词的嵌入呢？关键在于，要从一个我们可以轻松训练的任务开始。一个这样的标准任务是词预测。想象一下，给定问题“the ___ cat”。基于一个大型文本语料库，比如互联网上的文本内容，可能用来“填空”的各个词的概率分别是多少？或者给定“___ black ___”，不同的“两侧词”的概率分别是多少？

如何为神经网络设置这个问题呢？最终，我们必须用数来表述一切。一种方法是为英语中约 50 000 个常用词分别分配一个唯一的数。例如，分配给 the 的可能是 914，分配给 cat 的可能是 3542。（这些是 GPT-2 实际使用的数。）因此，对于“the ___ cat”的问题，我们的输入可能是 {914, 3542}。输出应该是什么样的呢？应该是一个大约包含 50 000 个数的列表，有效地给出了每个可能

“填入”的词的概率。为了找到嵌入，我们再次在神经网络“得到结论”之前“拦截”它的“内部”进程，然后获取此时的数字列表，可以认为这是“每个词的表征”。

这些表征是什么样子的呢？在过去 10 年里，已经出现了一系列不同的系统（word2vec、GloVe、BERT、GPT……），每个系统都基于一种不同的神经网络方法。但最终，所有这些系统都是通过有几百到几千个数的列表对词进行表征的。

这些“嵌入向量”在其原始形式下是几乎无信息的。例如，下面是 GPT-2 为三个特定的词生成的原始嵌入向量。

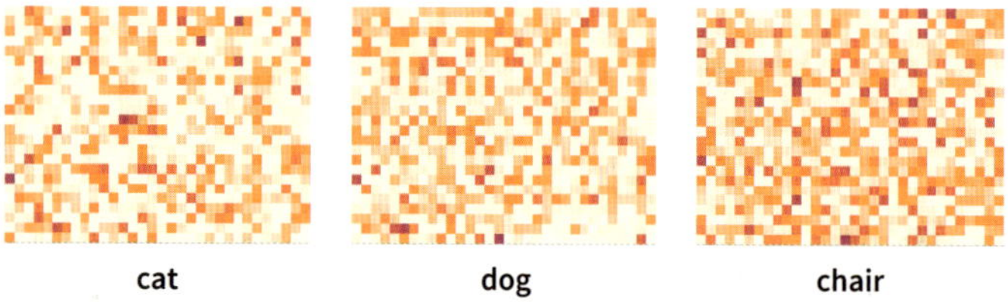


如果测量这些向量之间的距离，就可以找到词之间的“相似度”。我们稍后将更详细地讨论这种嵌入的“认知”意义可能是什么，而现在的要点是，我们有一种有用的方法能将词转化为“对神经网络友好”的数字集合。

实际上，比起用一系列数对词进行表征，我们还可以做得更好——可以对词序列甚至整个文本块进行这样的表征。ChatGPT 内部就是这样进行处理的。它会获取到目前为止的所有文本，并生成一个嵌入向量来表示它。然后，它的目标就是找到下一个可能出现的各个词的概率。它会将答案表示为一个数字列表，这些数基本上给出了大约 50 000 个可能出现的词的概率。

[严格来说，ChatGPT 并不处理词，而是处理“标记”（token）——这是一种方便的语言单位，既可以是整个词，也可以只是像 pre、ing 或 ized 这样的片段。使用标记使 ChatGPT 更容易处理罕见词、复合词和非英语词，并且会发明新单词（不论结果好坏）。]

# ChatGPT 的内部原理

我们终于准备好讨论 ChatGPT 的内部原理了。从根本上说，ChatGPT 是一个庞大的神经网络——GPT-3 拥有 1750 亿个权重。它在许多方面非常像我们讨论过的其他神经网络，只不过是一个特别为处理语言而设置的神经网络。它最显著的特点是一个称为 Transformer 的神经网络架构。

在前面讨论的神经网络中，任何给定层的每个神经元基本上都与上一层的每个神经元相连（起码有一些权重）。但是，如果处理的数据具有特定的已知结构，则这种全连接网络就（可能）大材小用了。因此，以图像处理的早期阶段为例，通常使用所谓的卷积神经网络（convolutional neural net 或 convnet），其中的神经元被有效地布局在类似于图像像素的网格上，并且仅与在网格上相邻的神经元相连。

Transformer 的思想是，为组成一段文本的标记序列做与此相似的事情。但是，Transformer 不是仅仅定义了序列中可以连接的固定区域，而是引入了"注意力"的概念——即更多地"关注"序列的某些部分，而不是其他部分。也许在将来的某一天，可以启动一个通用神经网络并通过训练来完成所有的定制工作。但至少目前来看，在实践中将事物“模块化”似乎是至关重要的——就像 Transformer 所做的那样，也可能是我们的大脑所做的那样。

ChatGPT（或者说它基于的 GPT-3 网络）到底是在做什么呢？它的总体目标是，根据所接受的训练（查看来自互联网的数十亿页文本，等等），以“合理”的方式续写文本。所以在任意给定时刻，它都有一定量的文本，而目标是为要添加的下一个标记做出适当的选择。

它的操作分为三个基本阶段。第一阶段，它获取与目前的文本相对应的标记序列，并找到表示这些标记的一个嵌入（即由数组成的数组）。第二阶段，它以“标准的神经网络的方式”对此嵌入进行操作，值“像涟漪一样依次通过”网络中的各层，从而产生一个新的嵌入（即一个新的数组）。第三阶段，它获取此数组的最后一部分，并据此生成包含约 50 000 个值的数组，这些值就成了各个可能的下一个标记的概率。（没错，使用的标记数量恰好与英语常用词的数量相当，尽管其中只有约 3000 个标记是完整的词，其余的则是片段。）

关键是，这条流水线的每个部分都由一个神经网络实现，其权重是通过对神经网络进行端到端的训练确定的。换句话说，除了整体架构，实际上没有任何细节是有“明确设计”的，一切都是从训练数据中“学习”来的。

然而，架构设置中存在很多细节，反映了各种经验和神经网络的学问。尽管会变得很复杂，但我认为谈论一些细节是有用的，至少有助于了解构建 ChatGPT 需要做多少工作。

首先是嵌入模块。以下是 GPT-2 的 Wolfram 语言示意图。

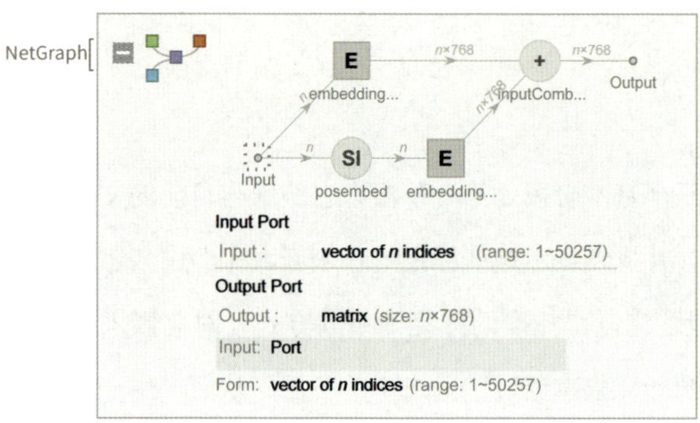


输入是一个包含 $n$ 个（由整数 1 到大约 50 000 表示的）标记的向量。每个标记都（通过一个单层神经网络）被转换为一个嵌入向量（在 GPT-2 中长度为 768，在 ChatGPT 的 GPT-3 中长度为 12 288）。同时，还有一条“二级路径”，它接收标记的（整数）位置序列，并根据这些整数创建另一个嵌入向量。最后，将标记值和标记位置的嵌入向量相加，产生嵌入模块的最终嵌入向量序列。

为什么只是将标记值和标记位置的嵌入向量相加呢？我不认为有什

么特别的科学依据。只是因为尝试了各种不同的方法，而这种方法似乎行得通。此外，神经网络的学问告诉我们，（在某种意义上）只要我们的设置“大致正确”，通常就可以通过足够的训练来确定细节，而不需要真正“在工程层面上理解”神经网络是如何配置自己的。

嵌入模块对字符串“hello hello hello hello hello hello hello hello hello hello bye bye bye bye bye bye bye bye bye bye”所做的操作如下所示。

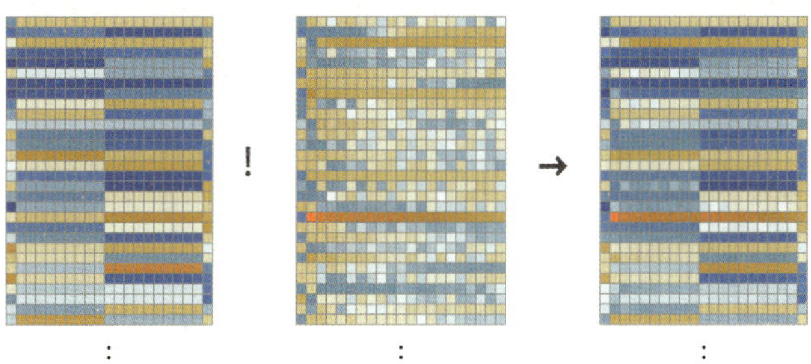

（在上图的第一个数组中）每个标记的嵌入向量元素都在图中纵向显示，而从左往右看，首先是一系列 hello 嵌入，然后是一系列 bye 嵌入。上面的第二个数组是位置嵌入，它看起来有些随机的结构只是（这里是在 GPT-2 中）“碰巧学到”的。

在嵌入模块之后，就是 Transformer 的“主要事件”了：一系列所谓的“注意力块”（GPT-2 有 12 个，ChatGPT 的 GPT-3 有 96 个）。

整个过程非常复杂，让人想起难以理解的大型工程系统或者生物系统。以下是（GPT-2 中）单个“注意力块”的示意图。

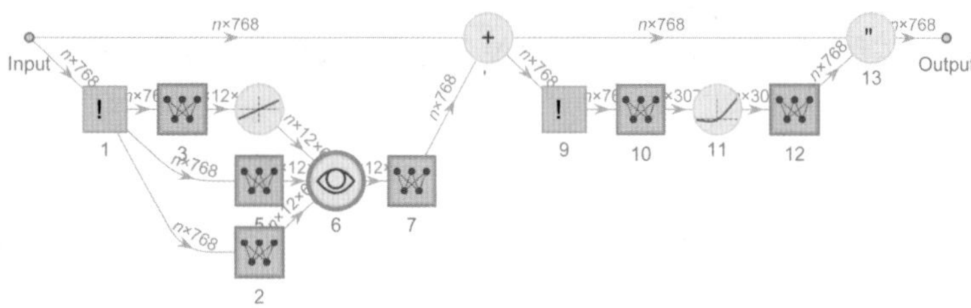


在每个这样的注意力块中，都有一组“注意力头”（GPT-2 有 12 个，ChatGPT 的 GPT-3 有 96 个）——每个都独立地在嵌入向量的不同值块上进行操作。（我们不知道为什么最好将嵌入向量分成不同的部分，也不知道不同的部分“意味”着什么。这只是那些“被发现奏效”的事情之一。）

注意力头是做什么的呢？它们基本上是一种在标记序列（即目前已经生成的文本）中进行“回顾”的方式，能以一种有用的形式“打包过去的内容”，以便找到下一个标记。在“概率从何而来”一节中，我们介绍了使用二元词的概率来根据上一个词选择下一个词。Transformer 中的“注意力”机制所做的是允许“关注”更早的词，因此可能捕捉到（例如）动词可以如何被联系到出现在句子中很多词之前的名词。

更详细地说，注意力头所做的是，使用一定的权重重新加权组合与不同标记相关联的嵌入向量中的块。例如，对于上面的 “hello, bye” 字符串，（GPT-2 中）第一个注意力块中的 12 个注意力头具有以下（“回顾到标记序列开头” 的）“权重重组” 模式。

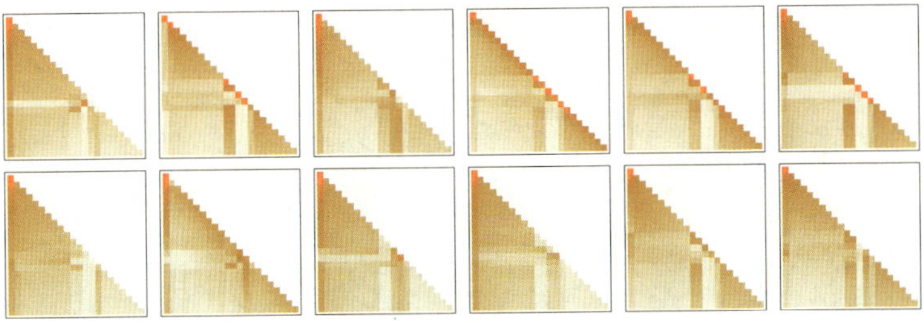

经过注意力头的处理，得到的 “重新加权的嵌入向量”（在 GPT-2 中长度为 768，在 ChatGPT 的 GPT-3 中长度为 12 288）将被传递通过标准的 “全连接” 神经网络层。虽然很难掌握这一层的作用，但是可以看看它（这里是在 GPT-2 中）使用的 768 × 768 权重矩阵。

（对上图进行）64 × 64 的滑动平均处理，一些（随机游走式的）结构开始显现。

是什么决定了这种结构？说到底，可能是对人类语言特征的一些"神经网络编码"。但是到目前为止，这些特征到底是什么仍是未知的。实际上，我们正在"打开 ChatGPT（或者至少是 GPT-2）的大脑"，并发现里面很复杂、难以理解——尽管它最终产生了可识别的人类语言。

经过一个注意力块后，我们得到了一个新的嵌入向量，然后让它依次通过其他的注意力块（GPT-2 中共有 12 个，GPT-3 中共有 96 个）。每个注意力块都有自己特定的"注意力"模式和"全连接"权重。这里是 GPT-2 对于"hello, bye"输入的注意力权重序列，用于第一个注意力头。

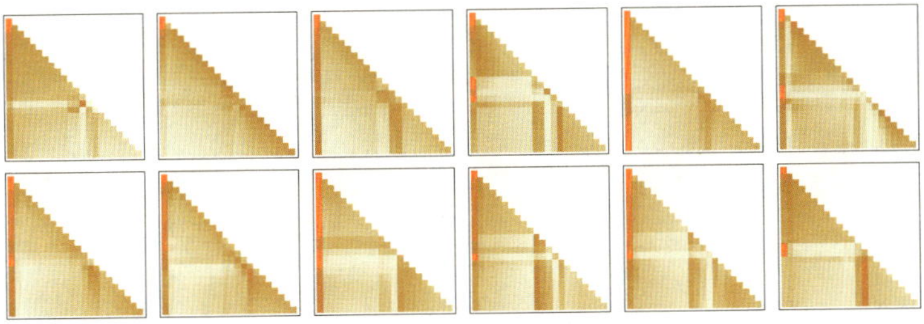

全连接层的（移动平均）“矩阵”如下所示。

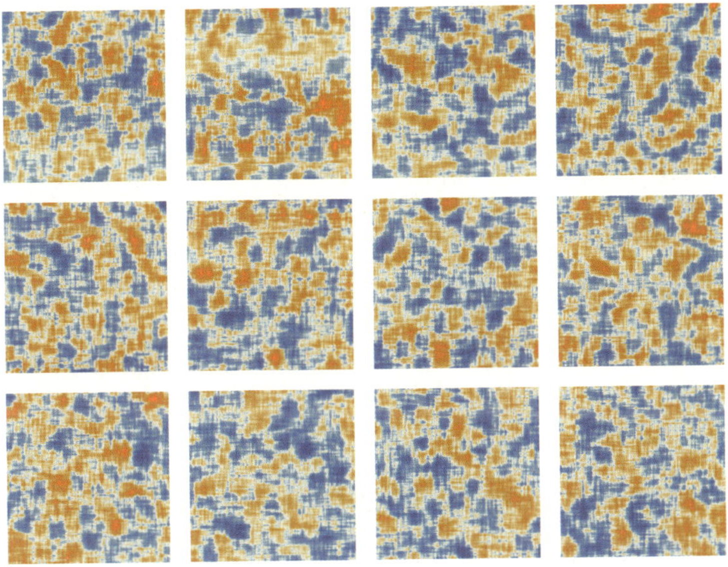

奇怪的是，尽管不同注意力块中的“权重矩阵”看起来非常相似，但权重大小的分布可能会有所不同（而且并不总是服从高斯分布）。

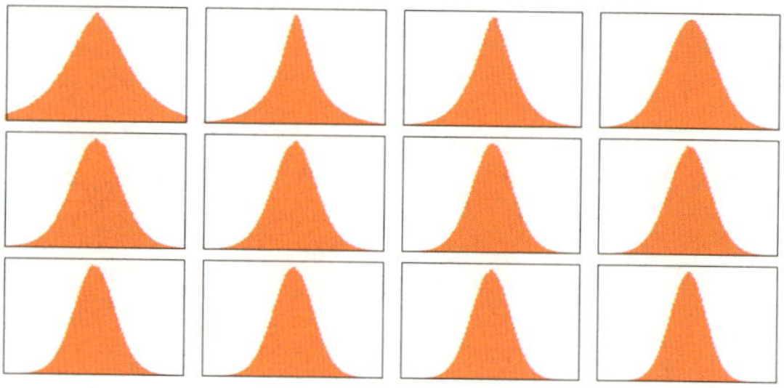

在经过所有这些注意力块后，Transformer 的实际效果是什么？本质上，它将标记序列的原始嵌入集合转换为最终集合。ChatGPT 的特定工作方式是，选择此集合中的最后一个嵌入，并对其进行“解码”，以生成应该出现的下一个标记的概率列表。

以上就是对 ChatGPT 内部原理的概述。它虽然（由于许多难免有些随意的“工程选择”）可能看起来很复杂，但实际上涉及的最终元素非常简单。因为我们最终处理的只是由“人工神经元”构成的神经网络，而每个神经元执行的只是将一组数值输入与一定的权重相结合的简单操作。

ChatGPT 的原始输入是一个由数组成的数组（到目前为止标记的嵌入向量）。当 ChatGPT“运行”以产生新标记时，这些数就会“依次通过”神经网络的各层，而每个神经元都会“做好本职工作”并将结果传递给下一层的神经元。没有循环和“回顾”。一切都是在网络中“向前馈送”的。

这是与典型的计算系统（如图灵机）完全不同的设置——在这里，结果不会被同一个计算元素“反复处理”。至少在生成给定的输出标记时，每个计算元素（神经元）仅使用了一次。

但是在某种意义上，即使在 ChatGPT 中，仍然存在一个重复使用计算元素的“外部循环”。因为当 ChatGPT 要生成一个新的标记时，它总是“读取”（即获取为输入）之前的整个标记序列，包括 ChatGPT 自己先前“写入”的标记。我们可以认为这种设置意味着 ChatGPT 确实，至少在其最外层，包含一个“反馈循环”，尽管其中的每次迭代都明确显示为它所生成文本中的一个标记。

让我们回到 ChatGPT 的核心：神经网络被反复用于生成每个标记。在某种程度上，它非常简单：就是完全相同的人工神经元的一个集合。网络的某些部分仅由（“全连接”的）神经元层组成，其中给定层的每个神经元都与上一层的每个神经元（以某种权重）相连。但是由于特别的 Transformer 架构，ChatGPT 的一些部分具有其他的结构，其中仅连接不同层的特定神经元。（当然，仍然可以说“所有神经元都连接在一起”，但有些连接的权重为零。）

此外，ChatGPT 中神经网络的有些方面并不能被顺理成章地认为只由“同质”层组成。例如，（正如本节中单个“注意力块”的示意图所示）在注意力块内有一些对传入的数据“制作多个副本”的地方，每个副本都会通过不同的“处理路径”，可能涉及不同数量的层，然后才被重新组合。虽然这可能简便地表示了正在发生的事情，但至少原则上总是可以将事实考虑为“密集填充”各层，只是有一些权重为零。

看一下 ChatGPT 最长的路径，会发现大约有 400 个（核心）层——在某种程度上看来并不是很多。但是它们包括数百万个神经元，总共有 1750 亿个连接，因此有 1750 亿个权重。需要认识到的一件事是，ChatGPT 每生成一个新的标记，都必须进行一次包括所有这些权重在内的计算。在实现上，这些计算可以“按层”组织成高度并行的数组操作，方便地在 GPU 上完成。但是对于每个产生的标记，仍然需要进行 1750 亿次计算（并在最后进行一些额外的计算）——因此，不难理解使用 ChatGPT 生成一段长文本需要一些时间。

值得注意的是，所有这些操作——尽管各自都很简单——可以一起出色地完成生成文本的“类人”工作。必须再次强调，（至少就我们目前所知）没有“理论上的终极原因”可以解释为什么类似于这样的东西能够起作用。事实上，正如我们将讨论的那样，我认为必须将其视为一项（可能非常惊人的）科学发现：在像 ChatGPT 这样的神经网络中，能以某种方式捕捉到人类大脑在生成语言时所做事情的本质。

# ChatGPT 的训练

我们已经概述了 ChatGPT 在设置后的工作方式。但是它是如何设置的呢？那 1750 亿个神经元的权重是如何确定的呢？基本上，这是基于包含人类所写文本的巨型语料库（来自互联网、书籍等），通过大规模训练得出的结果。正如我们所说，即使有所有这些训练数据，也不能肯定神经网络能够成功地产生“类人”文本。似乎需要细致的工程设计才能实现这一点。但是，ChatGPT 带来的一大惊喜和发现是，它完全可以做到。实际上，“只有 1750 亿个权重”的神经网络就可以构建出人类所写文本的一个“合理模型”。

现代社会中，人类写的很多文本以数字（digital）形式存在。公共互联网上至少有数十亿个包含人类所写文本的网页，总词数可能达到万亿级别。如果包括非公开的网页，词数可能会增加至少 100 倍。到目前为止，已经有超过 500 万本电子书可供阅读（全球发行的图书品种总数为 1 亿左右），提供了另外约 1000 亿个词的文本。这还不包括视频中的口述文本等。（就个人而言，我一生中发表的文字总量不到 300 万个词，在过去 30 年中写下了约 1500 万个词的电子邮件，总共敲了大约 5000 万个词——而且仅在过去几年的直播中，我就说了超过 1000 万个词。是的，我会从中训练一个机器人。）

但是，有了所有这些数据，要如何训练神经网络呢？基本过程与上面讨论的简单示例非常相似：先提供一批样例，然后调整网络中的权重，以最小化网络在这些样例上的误差（“损失”）。根据误差“反向传播”的主要问题在于，每次执行此操作时，网络中的每个权重通常都至少会发生微小的变化，而且有很多权重需要处理。（实际的“反向传播”通常只比前向传播难一点儿——相差一个很小的常数系数。）

使用现代 GPU 硬件，可以轻松地从成千上万个样例中并行计算出结果。但是，当涉及实际更新神经网络中的权重时，当前的方法基本上会要求逐批进行。（是的，这可能是结合了计算元素和记忆元素的真实大脑至少在现阶段具有架构优势的地方。）

即使在学习数值函数这样看似简单的案例中，我们通常也需要使用数百万个样例才能成功地训练网络，至少对于从头开始训练来说是这样的。那么需要多少样例才能训练出“类人语言”模型呢？似乎无法通过任何基本的“理论”方法知道。但在实践中，ChatGPT 成功地在包含几百亿个词的文本上完成了训练。

虽然有些文本被输入了多次，有些只输入了一次，但 ChatGPT 从它看到的文本中“得到了所需的信息”。考虑到有这么多文本需要学习，它需要多大的网络才能“学得好”呢？目前，我们还没有基本的理论方法来回答这个问题。最终，就像下面将进一步讨论的那样，对于人类语言和人类通常用它说什么，可能有某种“总体算法内容”。而下一个问题是：神经网络在基于该算法内容实现模型时会有多高效？我们还是不知道，尽管 ChatGPT 的成功表明它是相当高效的。

最终，我们只需注意到 ChatGPT 使用了近 2000 亿个权重来完成其工作——数量与其接受的训练数据中的词（或标记）的总数相当。在某些方面，运作良好的“网络的规模”与“训练数据的规模”如此相似或许令人惊讶（在与 ChatGPT 结构相似的较小网络中实际观察到的情况也是如此）。毕竟，ChatGPT 内部并没有直接存储来自互联网、书籍等的所有文本。因为 ChatGPT 内部实际上是一堆数（精度不到 10 位），它们是所有文本的总体结构的某种分布式编码。

换句话说，我们可以问人类语言的“有效信息”是什么，以及人类通常用它说些什么。我们有语言样例的原始语料库。在 ChatGPT 的神经网络中，还有对它们的表示。这些表示很可能远非“算法上最小”的表示，正如下面将讨论的那样。但它们是神经网络可以轻松使用的表示。在这种表示中，训练数据的“压缩”程度似乎很低。平均而言，似乎只需要不到一个神经网络的权重就可以承载一个词的训练数据的“信息内容”。

当我们运行 ChatGPT 来生成文本时，基本上每个权重都需要使用一次。因此，如果有 $n$ 个权重，就需要执行约 $n$ 个计算步骤——尽管在实践中，许多计算步骤通常可以在 GPU 中并行执行。但是，如果需要约 $n$ 个词的训练数据来设置这些权重，那么如上所述，我们可以得出结论：需要约 $n^2$ 个计算步骤来进行网络的训练。这就是为什么使用当前的方法最终需要耗费数十亿美元来进行训练。

# 在基础训练之外

训练 ChatGPT 的重头戏是在向其“展示”来自互联网、书籍等的大量现有文本，但事实证明训练还包括另一个（显然非常重要的）部分。

一旦根据被展示的原始文本语料库完成“原始训练”，ChatGPT 内部的神经网络就会准备开始生成自己的文本，根据提示续写，等等。尽管这些结果通常看起来合理，但它们很容易（特别是在较长的文本片段中）以“非类人”的方式“偏离正轨”。这不是通过对文本进行传统的统计可以轻易检测到的。但是，实际阅读文本的人很容易注意到。

构建 ChatGPT 的一个关键思想是，在“被动阅读”来自互联网等的内容之后添加一步：让人类积极地与 ChatGPT 互动，看看它产生了什么，并且在“如何成为一个好的聊天机器人”方面给予实际反馈。但是神经网络是如何利用这些反馈的呢？首先，仅仅让人类对神经网络的结果评分。然后，建立另一个神经网络模型来预测这些评分。现在，这个预测模型可以在原始网络上运行——本质上像损失函数一样——从而使用人类的反馈对原始网络进行“调优”。实践中的结果似乎对系统能否成功产生“类人”输出有很大的影响。

总的来说，有趣的是，“原本训练好的网络”似乎只需要很少的“介入”就能在特定方向上有效地进步。有人可能原本认为，为了让网络表现得好像学到了新东西，就必须为其训练算法、调整权重，等等。

但事实并非如此。相反，基本上只需要把东西告诉 ChatGPT 一次——作为提示的一部分——它就可以成功用其生成文本。再次强调，我认为这种方法有效的事实是理解 ChatGPT“实际上在做什么”以及它与人类语言和思维结构之间关系的重要线索。

它确实有些类人：至少在经过所有预训练后，你只需要把东西告诉它一次，它就能“记住”——至少记住足够长的时间来生成一段文本。这里面到底发生了什么事呢？也许“你可能告诉它的一切都已经在里面的某个地方了”，你只是把它引导到了正确的位置。但这似乎不太可能。更可能的是，虽然这些元素已经在里面了，但具体情况是由类似于“这些元素之间的轨迹”所定义的，而你告诉它的就是这条轨迹。

就像人类一样，如果 ChatGPT 接收到一些匪夷所思、出乎意料、完全不符合它已有框架的东西，它就似乎无法成功地“整合”这些信息。只有在这些信息基本上以一种相对简单的方式依赖于它已有的框架时，它才能够进行“整合”。

值得再次指出的是，神经网络在捕捉信息方面不可避免地存在“算法限制”。如果告诉它类似于“从这个到那个”等“浅显”的规则，神经网络很可能能够不错地表示和重现这些规则，并且它“已经掌握”的语言知识将为其提供一个立即可用的模式。但是，如果试图给它实际的“深度”计算规则，涉及许多可能计算不可约的步骤，那么它就行不通了。（请记住，它在每一步都只是在网络中“向前馈送数据”，除非生成新的标记，否则它不会循环。）

当然，神经网络可以学习特定的“不可约”计算的答案。但是，一旦存在可能性的组合数，这种“表查找式”的方法就不起作用了。因此，就像人类一样，神经网络此时需要使用真正的计算工具。（没错，Wolfram|Alpha 和 Wolfram 语言就非常适用，因为它们正是被构建用于“谈论世界中的事物”的，就像语言模型神经网络一样。）

## 真正让 ChatGPT 发挥作用的是什么

人类语言，及其生成所涉及的思维过程，一直被视为复杂性的巅峰。人类大脑“仅”有约 1000 亿个神经元（及约 100 万亿个连接），却能够做到这一切，确实令人惊叹。人们可能会认为，大脑中不只有神经元网络，还有某种具有尚未发现的物理特性的新层。但是有了 ChatGPT 之后，我们得到了一条重要的新信息：一个连接数与大脑神经元数量相当的纯粹的人工神经网络，就能够出色地生成人类语言。

这仍然是一个庞大而复杂的系统，其中的神经网络权重几乎与当前世界上可用文本中的词一样多。但在某种程度上，似乎仍然很难相信语言的所有丰富性和它能谈论的事物都可以被封装在这样一个有限的系统中。这里面的部分原理无疑反映了一个普遍现象（这个现象最早在规则 30① 的例子中变得显而易见）：即使基础规则很简单，计算过程也可以极大地放大系统的表面复杂性。但是，正如上面讨论的那样，ChatGPT 使用的这种神经网络实际上往往是特别构建的，以限制这种现象（以及与之相关的计算不可约性）的影响，从

① 规则 30 是一个由本书作者在 1983 年提出的单维二进制元胞自动机规则。这个简单、已知的规则能够产生复杂且看上去随机的模式。——编者注

而使它们更易于训练。

那么，ChatGPT 是如何在语言方面获得如此巨大成功的呢？我认为基本答案是，语言在根本上比它看起来更简单。这意味着，即使是具有简单的神经网络结构的 ChatGPT，也能够成功地捕捉人类语言的“本质”和背后的思维方式。此外，在训练过程中，ChatGPT 已经通过某种方式“隐含地发现”了使这一切成为可能的语言（和思维）规律。

我认为，ChatGPT 的成功为一个基础而重要的科学事实向我们提供了证据：它表明我们仍然可以期待能够发现重大的新“语言法则”，实际上是“思维法则”。在 ChatGPT 中，由于它是一个神经网络，这些法则最多只是隐含的。但是，如果我们能够通过某种方式使这些法则变得明确，那么就有可能以更直接、更高效和更透明的方式做出 ChatGPT 所做的那些事情。

这些法则可能是什么样子的呢？最终，它们必须为我们提供某种关于如何组织语言及其表达方式的指导。我们稍后将讨论“在 ChatGPT 内部”可能如何找到一些线索，并根据构建计算语言的经验探索前进的道路。但首先，让我们讨论两个早已知晓的“语言法则”的例子，以及它们与 ChatGPT 的运作有何关系。

第一个是语言的语法。语言不仅仅是把一些词随机拼凑在一起。相反，不同类型的词之间有相当明确的语法规则。例如，在英语中，名词的前面可以有形容词、后面可以有动词，但是两个名词通常不能挨在一起。这样的语法结构可以通过一组规则来（至少大致地）捕捉，这些规则定义了如何组织所谓的“解析树”。

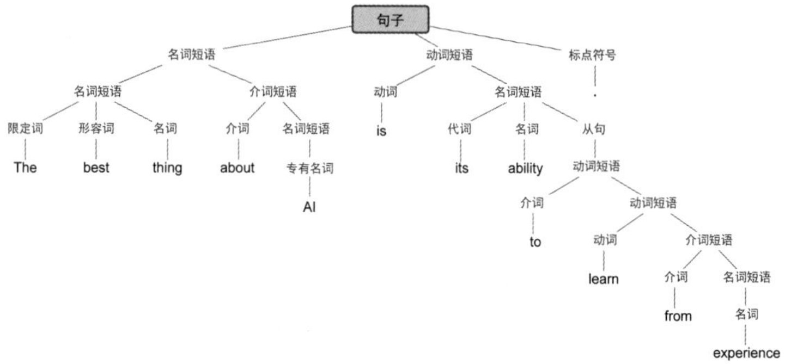


ChatGPT 并不明确地“了解”这些规则。但在训练过程中，它隐含地发现了这些规则，并且似乎擅长遵守它们。这里的原理是什么呢？在“宏观”上还不清楚。但是为了获得一些见解，也许可以看看一个更简单的例子。

考虑一种由“(”和“)”的序列组成的“语言”，其语法规定括号应始终保持平衡，就像下面的解析树一样。

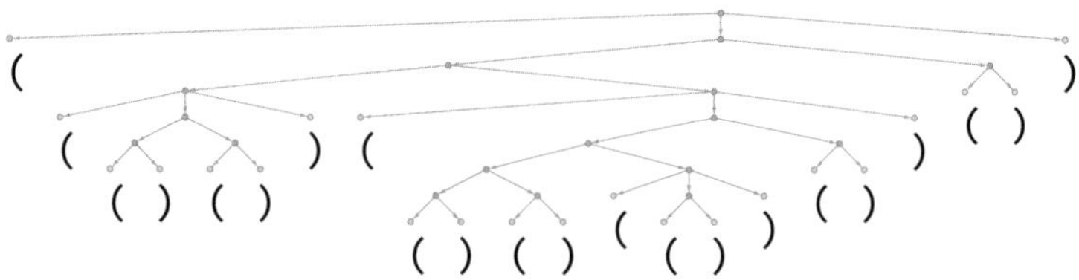

我们能训练神经网络来生成“语法正确”的括号序列吗？在神经网络中，有各种处理序列的方法，但是这里像 ChatGPT 一样使用 Transformer 网络。给定一个简单的 Transformer 网络，我们可以首先向它馈送语法正确的括号序列作为训练样例。一个微妙之处（实际上也出现在 ChatGPT 的人类语言生成中）是，除了我们的“内容标记”（这里是“(”和“)”）之外，还必须包括一个“End”标记，表示输出不应继续下去了（即对于 ChatGPT 来说，已经到达了“故事的结尾”）。

如果只使用一个有 8 个头的注意力块和长度为 128 的特征向量来设置 Transformer 网络（ChatGPT 也使用长度为 128 的特征向量，但有 96 个注意力块，每个块有 96 个头），似乎不可能让它学会括号语言。但是使用 2 个注意力块，学习过程似乎会收敛——至少在给出 1000 万个样例之后（并且，与 Transformer 网络一样，展示更多的样例似乎只会降低其性能）。

通过这个网络，我们可以做类似于 ChatGPT 所做的事情，询问括号序列中下一个符号是什么的概率。

((()()(

| ( | 46% |
|---|---|
| ) | 54% |
| End | 0.038% |

((()()))

| ( | 51% |
|---|---|
| ) | 15% |
| End | 34% |

在第一种情况下，网络“非常确定”序列不能在此结束——这很

好，因为如果在此结束，括号将不平衡。在第二种情况下，网络“正确地识别出”序列可以在此结束，尽管它也“指出”可以“重新开始”：下一个标记是“(”，后面可能紧接着一个“)”。但糟糕的是，即使有大约 400 000 个经过繁重训练的权重，它仍然说下一个标记是“)”的概率是 15%——这是不正确的，因为这必然会导致括号不平衡。

如果要求网络以最高概率补全逐渐变长的“(”序列，结果将如下所示。

```
( )
(( ))
((( )))
(((( ))))
((((( )))))
(((((( ))))))
((((((( )))))))
(((((((( ))))))))
((((((((( )))))))))
(((((((((( ))))))))))
((((((((((( ))))))))))()          （不平衡）
(((((((((((( )))))))))))          （不平衡）
((((((((((((( ))))))))))))())
(((((((((((((( ))))))))))))()))
((((((((((((((( )))))))))))))))
(((((((((((((((( ))))))))))))))()))          （不平衡）
((((((((((((((((( ))))))))))))))))          （不平衡）
(((((((((((((((((( ))))))))))))))))))
((((((((((((((((((( )))))))))))))))))))
(((((((((((((((((((( ))))))))))))))))))())
```

在一定长度内，网络是可以正常工作的。但是一旦超出这个长度，它就开始出错。这是在神经网络（或广义的机器学习）等“精确”情况下经常出现的典型问题。对于人类“一眼就能解决”的问题，神经网络也可以解决。但对于需要执行“更算法式”操作的问题（例如明确计算括号是否闭合），神经网络往往会“计算过浅”，难以可靠地解决。顺便说一句，即使是当前完整的 ChatGPT 在长序列中也很难正确地匹配括号。

对于像 ChatGPT 这样的程序和英语等语言的语法来说，这意味着什么呢？括号语言是“严谨”的，而且是“算法式”的。而在英语中，根据局部选词和其他提示“猜测”语法上合适的内容更为现实。是的，神经网络在这方面做得要好得多——尽管它可能会错过某些“形式上正确”的情况，但这也是人类可能会错过的。重点是，语言存在整体的句法结构，而且它蕴含着规律性。从某种意义上说，这限制了神经网络需要学习的内容“多少”。一个关键的“类自然科学”观察结果是，神经网络的 Transformer 架构，就像 ChatGPT 中的这个，好像成功地学会了似乎在所有人类语言中都存在（至少在某种程度上是近似的）的嵌套树状的句法结构。

语法为语言提供了一种约束，但显然还有更多限制。像“Inquisitive electrons eat blue theories for fish”（好奇的电子为了鱼吃蓝色的理论）这样的句子虽然在语法上是正确的，但不是人们通常会说的话。ChatGPT 即使生成了它，也不会被认为是成功的——因为用其中的词的正常含义解读的话，它基本上是毫无意义的。

有没有一种通用的方法来判断一个句子是否有意义呢？这方面没有

传统的总体理论。但是可以认为，在用来自互联网等处的数十亿个（应该有意义的）句子对 ChatGPT 进行训练后，它已经隐含地“发展出”了一个这样的“理论”。

这个理论会是什么样的呢？它的冰山一角基本上已经为人所知了 2000 多年，那就是逻辑。在亚里士多德发现的三段论（syllogistic）形式中，逻辑基本上用来说明遵循一定模式的句子是合理的，而其他句子则不合理。例如，说“所有 X 都是 Y。这不是 Y，所以它不是 X”（比如“所有的鱼都是蓝色的。这不是蓝色的，所以它不是鱼”）是合理的。就像可以异想天开地想象亚里士多德是通过（“机器学习式”地）研究大量修辞学例子来发现三段论逻辑一样，也可以想象 ChatGPT 在训练中通过查看来自互联网等的大量文本能够“发现三段论逻辑”。（虽然可以预期 ChatGPT 会基于三段论逻辑等产生包含“正确推理”的文本，但是当涉及更复杂的形式逻辑时，情况就完全不同了。我认为可以预期它在这里失败，原因与它在括号匹配上失败的原因相同。）

除了逻辑的例子之外，关于如何系统地构建（或识别）有合理意义的文本，还有什么其他可说的吗？有，比如像 Mad Libs® 这样使用非常具体的“短语模板”的东西。但是，ChatGPT 似乎有一种更一般的方法来做到这一点。也许除了“当你拥有 1750 亿个神经网络权重时就会这样”，就没有什么别的可以说了。但是我强烈怀疑有一个更简单、更有力的故事。

# 意义空间和语义运动定律

之前讨论过，在 ChatGPT 内部，任何文本都可以被有效地表示为一个由数组成的数组，可以将其视为某种“语言特征空间”中一个点的坐标。因此，ChatGPT 续写一段文本，就相当于在语言特征空间中追踪一条轨迹。现在我们会问：是什么让这条轨迹与我们认为有意义的文本相对应呢？是否有某种“语义运动定律”定义（或至少限制）了语言特征空间中的点如何在保持“有意义”的同时到处移动？

这种语言特征空间是什么样子的呢？以下是一个例子，展示了如果将这样的特征空间投影到二维平面上，单个词（这里是常见名词）可能的布局方式。

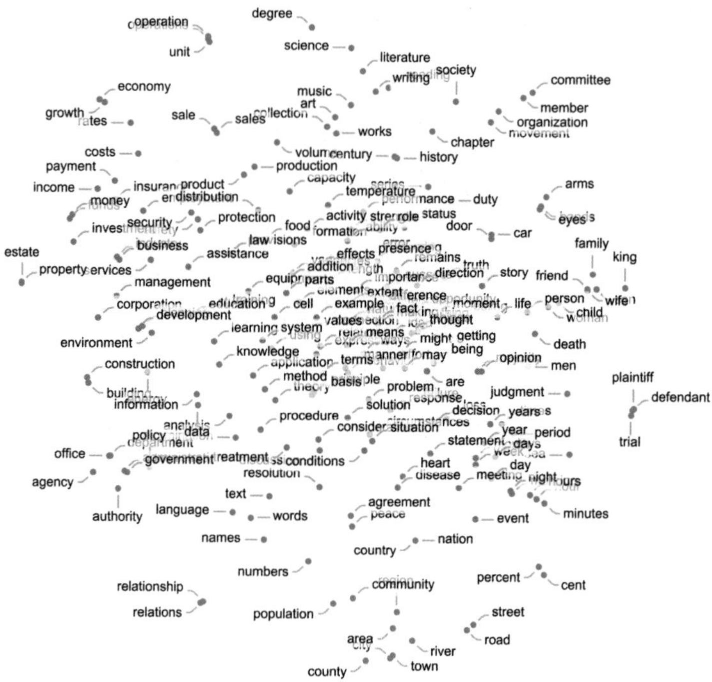


我们在介绍嵌入时见过一个包含植物词和动物词的例子。这两个例子都说明了，“语义上相似的词”会被放在相近的位置。

再看一个例子，下图展示了不同词性的词是如何布局的。

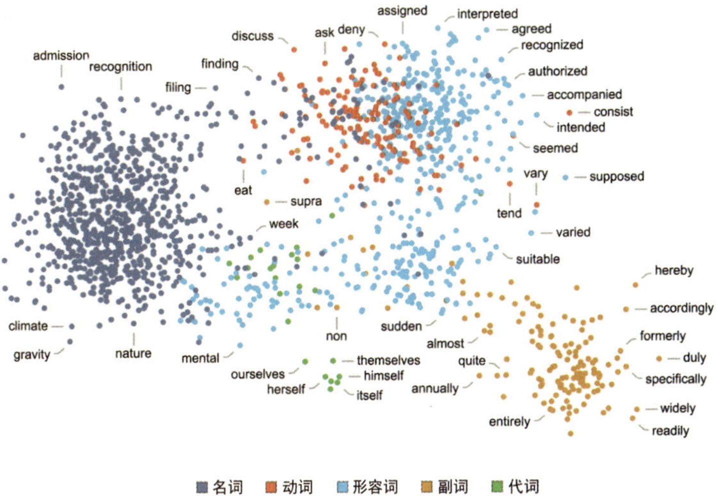


当然，一个词通常不只有“一个意思”（也不一定只有一种词性）。通过观察包含一个词的句子在特征空间中的布局，人们通常可以“分辨出”它们不同的含义，就像如下例子中的 crane 这个词（指的是“鹤”还是“起重机”？）。

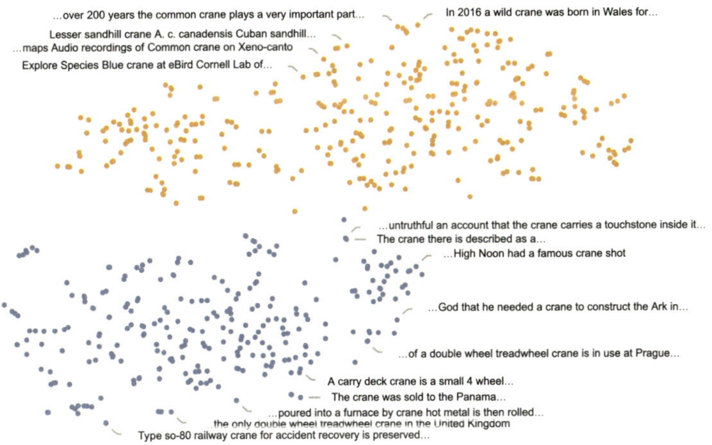

看来，至少可以将这个特征空间视为将“意思相近的词”放在这个空间中的相近位置。但是，我们能够在这个空间中识别出什么样的额外结构呢？例如，是否存在某种类似于“平行移动”的概念，反映了空间的“平坦性”？理解这一点的一种方法是看一下相似的词。

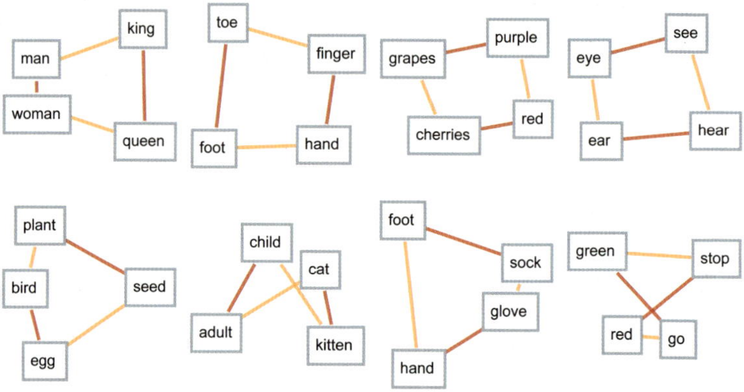


即使投影到二维平面上，也通常仍然有一些“平坦性的迹象”，虽然这并不是普遍存在的。

那么轨迹呢？我们可以观察 ChatGPT 的提示在特征空间中遵循的轨迹，然后可以看到 ChatGPT 是如何延续这条轨迹的。

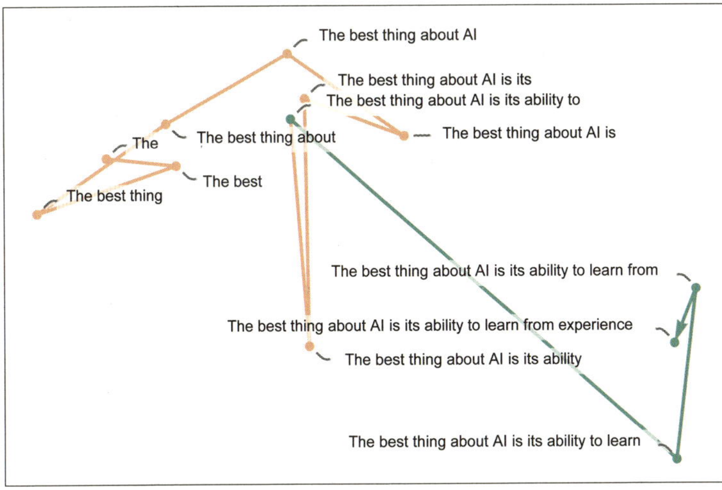


这里无疑没有“几何上显而易见”的运动定律。这一点儿也不令人意外，我们充分预期到了这会相当复杂。例如，即使存在一个“语义运动定律”，我们也远不清楚它能以什么样的嵌入（实际上是“变量”）来最自然地表述。

在上图中，我们展示了“轨迹”中的几步——在每一步，我们都选择了 ChatGPT 认为最有可能（“零温度”的情况）出现的词。不过，我们也可以询问在某一点处可能出现的“下一个”词有哪些以及它们出现的概率是多少。

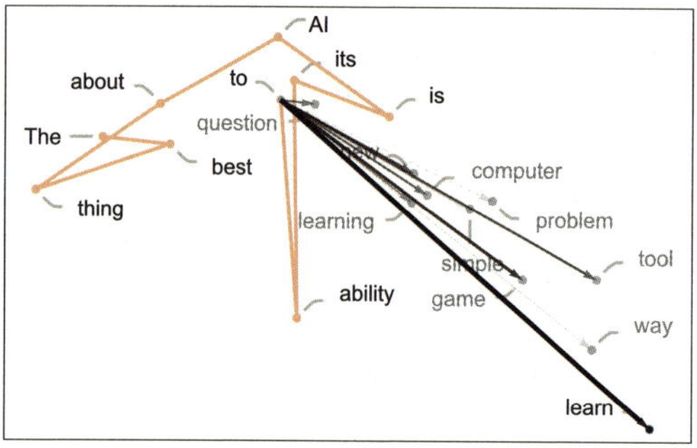


在这个例子中，我们看到的是由高概率词组成的一个“扇形”，它似乎在特征空间中朝着一个差不多明确的方向前进。如果继续前进会发生什么？沿轨迹移动时出现的连续“扇形”如下所示。

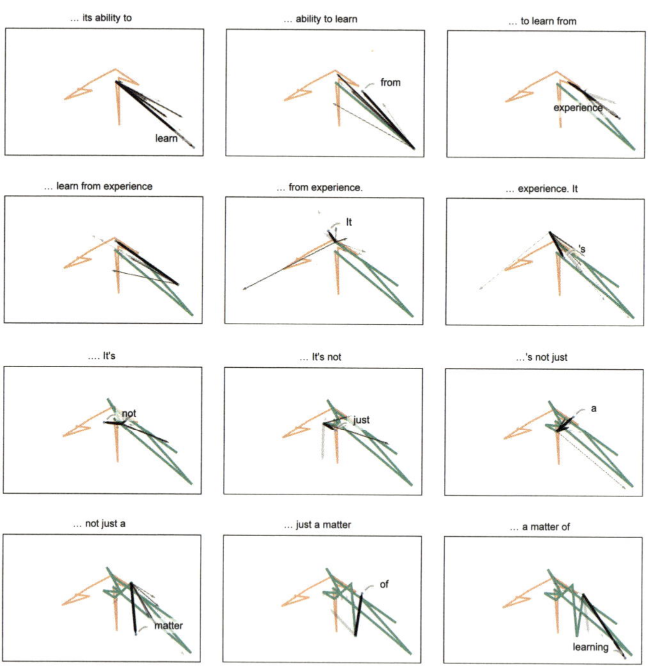

下面是一幅包含 40 步的三维示意图。

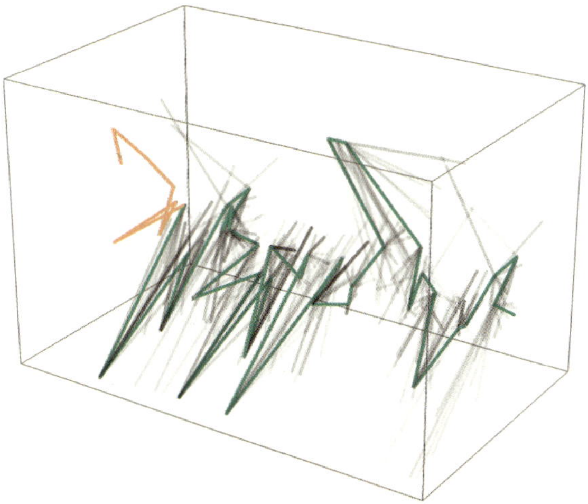

这看起来很混乱，并且没有特别推动通过实证研究“ChatGPT 内部的操作”来识别“类似数学物理”的“语义运动定律”。但也许我们只是关注了“错的变量”(或者错的坐标系)，如果关注对的那一个，就会立即看到 ChatGPT 正在做“像数学物理一样简单”的事情，比如沿测地线前进。但目前，我们还没有准备好从它的“内部行为”中“实证解码”ChatGPT 已经“发现”的人类语言的“组织”规律。

## 语义语法和计算语言的力量

产生“有意义的人类语言”需要什么？过去，我们可能认为人类大脑必不可少。但现在我们知道，ChatGPT 的神经网络也可以做得非常出色。这或许就是我们所能达到的极限，没有比这更简单（或更易于人类理解）的方法可以使用了。不过，我强烈怀疑 ChatGPT 的成功暗示了一个重要的“科学”事实：有意义的人类语言实际上比我们所知道的更加结构化、更加简单，最终可能以相当简单的规则来描述如何组织这样的语言。

正如上面提到的，句法语法为如何组织人类语言中属于不同词性的词提供了规则。但是为了处理意义，我们需要更进一步。一种方法是不仅考虑语言的句法语法，还要考虑语义语法。

对于句法，我们识别出名词和动词，等等。但对于语义，我们需要“更精细的分级”。例如，我们可以识别出“移动”的概念和一个“不因位置而改变身份”的“对象”的概念。这些“语义概念”的例子数不胜数。但对于我们要用的语义语法，只需要一些基本的规则，基本上来说就是“对象”可以“移动”。关于这可能如何工作，有很多要说的（其中一些之前已经说过）。但我在这里只会说几句表明一些潜在前进道路的话。

值得一提的是，即使一句话在语义语法上完全没问题，也不意味着它已经（或者能）在实践中成真。“The elephant traveled to the Moon”（大象去了月球）这句话毫无疑问会“通过”我们的语义语法，但（至少目前）在我们的现实世界中还没有成真，虽然它绝对可以在虚构的世界中成真。

当我们开始谈论“语义语法”时，很快就会问：它的底层是什么？它假设了什么样的“世界模型”？句法语法实际上只是关于由词构建语言的。但是语义语法必然涉及某种“世界模型”——类似于“骨架”，由实际的词构成的语言可以基于它分层。

直到不久之前，我们可能还是认为（人类）语言将是描述“世界模型”的唯一通用方式。几个世纪前，人们就已经开始针对特定种类的事物进行形式化，特别是基于数学。但是现在有了一种更通用的形式化方法：计算语言。

是的，这是我四十多年来一直在研究的大型项目（现在体现在 Wolfram 语言中）：开发一种精确的符号表示，以尽可能广泛地谈论世界上的事物，以及我们关心的抽象事物。例如，我们有城市、分子、图像和神经网络的符号表示，还有关于如何计算这些事物的内置知识。

经过几十年的努力，我们已经在许多领域中运用了这种方法。但是过去，我们并没有特别用其处理“日常话语”。在“我买了两斤苹果”中，我们可以轻松地表示“两斤苹果”（并进行有关的营养和其他计算），但是（还）没有找到“我买了”的符号表示。

这一切都与语义语法的思想有关——目标是拥有一个对各种概念通用的符号“构造工具包”，用于对什么可以与什么组合在一起给出规则，从而对可以转化为人类语言的“流”给出规则。

假设我们有这种“符号话语语言”，我们会用它做什么呢？首先可以生成“局部有意义的文本”。但最终，我们可能想要更有“全局意义”的结果——这意味着“计算”更多实际存在或发生于世界（或某个与现实一致的虚构世界）中的事情。

在 Wolfram 语言中，我们已经拥有了关于许多种事物的大量内置计算知识。但如果要建立一种完整的符号话语语言，我们还需要纳入关于世界上一般事物的额外“计算方法”（calculi）：如果一个物体从 A 移动到 B，然后从 B 移动到 C，那么它就从 A 移动到了 C，等等。

我们不仅可以用符号话语语言来做“独立的陈述”，而且可以用它来问关于世界的问题，就像对 Wolfram|Alpha 所做的那样。此外，也可以用它来陈述我们“想要实现”的事情，这可能需要一些外部

激活机制；还可以用它来做断言——也许是关于实际世界的，也许是关于某个我们正在考虑的（无论是虚构还是其他的）特定世界的。

人类语言是不精确的，这主要是因为它没有与特定的计算实现相“结合”，其意义基本上只由其使用者之间的“社会契约”定义。但是，计算语言在本质上具有一定的精确性，因为它指定的内容最终总是可以“在计算机上毫无歧义地执行”。人类语言有一定的模糊性通常无伤大雅。（当我们说“行星”时，是否包括外行星呢？等等。）但在计算语言中，我们必须对所做的所有区别进行精确和清晰的说明。

在计算语言中，利用普通的人类语言来创造名称通常很方便。但是这些名称在计算语言中的含义必须是精确的，可能涵盖也可能不涵盖典型人类语言用法中的某些特定内涵。

如何确定适用于一般符号话语语言的“本体论”（ontology）呢？这并不容易。也许这就是自亚里士多德 2000 多年前对本体论做出原始论述以来，在这些方面几乎没有什么进展的原因。但现在，我们已经知道了有关如何以计算的方式来思考世界的许多知识，这确实很有帮助（从我们的 Physics Project 和 ruliad[①] 思想中得到“基本的形而上学”也无妨）。

① ruliad 是本书作者创造的概念，即所有可能的计算过程的纠缠上限：以各种可能的方式遵循所有可能的计算规则的结果。详见文章“The Concept of the Ruliad”。
——编者注

所有这些在 ChatGPT 中意味着什么呢？在训练中，ChatGPT 有效地“拼凑出”了一定数量（相当惊人）的相当于语义语法的东西。它的成功让我们有理由认为，构建在计算语言形式上更完整的东西是可行的。与我们迄今为止对 ChatGPT 内部的理解不同的是，我们可以期望对计算语言进行设计，使其易于被人类理解。

当谈到语义语法时，我们可以将其类比于三段论逻辑。最初，三段论逻辑本质上是关于用人类语言所表达的陈述的一组规则。但是，当形式逻辑被发展出来时（没错，在 2000 多年之后），三段论逻辑最初的基本结构也可以用来构建巨大的“形式化高塔”，能用于解释（比如）现代数字电路的运作。因此，我们可以期待更通用的语义语法也会如此。起初，它可能只能处理简单的模式，例如文本。但是，一旦它的整体计算语言框架被建立起来，我们就可以期待用它来搭建“广义语义逻辑”的高塔，让我们能够以精确和形式化的方式处理以前接触不到的各种事物（相比之下，我们现在只能在“地面层”处理人类语言，而且带有很大的模糊性）。

我们可以将计算语言——和语义语法——的构建看作一种在表示事物方面的终极压缩。因为它使我们不必（比如）处理存在于普通人类语言中的所有“措辞”，就能够谈论可能性的本质。可以认为 ChatGPT 的巨大优势与之类似：因为它也在某种意义上“钻研”到了，不必考虑可能的不同措辞，就能“以语义上有意义的方式组织语言”的地步。

如果我们将 ChatGPT 应用于底层计算语言，会发生什么呢？计算语言不仅可以描述可能的事物，而且还可以添加一些“流行”之感，例如通过阅读互联网上的所有内容做到。但是，在底层，使用计算语言操作意味着像 ChatGPT 这样的系统可以立即并基本地访问能进行潜在不可约计算的终极工具。这使 ChatGPT 不仅可以生成合理的文本，而且有望判断文本是否实际上对世界（或其所谈论的任何其他事物）做出了“正确”的陈述。

# 那么，ChatGPT 到底在做什么？它为什么能做到这些？

ChatGPT 的基本概念在某种程度上相当简单：首先从互联网、书籍等获取人类创造的海量文本样本，然后训练一个神经网络来生成“与之类似”的文本。特别是，它能够从“提示”开始，继续生成“与其训练数据相似的文本”。

正如我们所见，ChatGPT 中的神经网络实际上由非常简单的元素组成，尽管有数十亿个。神经网络的基本操作也非常简单，本质上是对于它生成的每个新词（或词的一部分），都将根据目前生成的文本得到的输入依次传递“给其所有元素一次”（没有循环等）。

值得注意和出乎意料的是，这个过程可以成功地产生与互联网、书籍等中的内容“相似”的文本。ChatGPT 不仅能产生连贯的人类语言，而且能根据“阅读”过的内容来“循着提示说一些话”。它并不总是能说出“在全局上有意义”（或符合正确计算）的话，因为（如果没有利用 Wolfram|Alpha 的“计算超能力”）它只是在根据训练材料中的内容“听起来像什么”来说出“听起来正确”的话。

ChatGPT 的具体工程非常引人注目。但是，（至少在它能够使用外部工具之前）ChatGPT“仅仅”是从其积累的“传统智慧的统计数据”中提取了一些“连贯的文本线索”。但是，结果的类人程度已经足够令人惊讶了。正如我所讨论的那样，这表明了一些至少在科学上非常重要的东西：人类语言及其背后的思维模式在结构上比我们想象的更简单、更“符合规律”。ChatGPT 已经隐含地发现了这一点。但是我们可以用语义语法、计算语言等来明确地揭开它的面纱。

ChatGPT 在生成文本方面表现得非常出色，结果通常非常类似于人类创作的文本。这是否意味着 ChatGPT 的工作方式像人类的大脑一样？它的底层人工神经网络结构说到底是对理想化大脑的建模。当人类生成语言时，许多方面似乎非常相似。

当涉及训练（即学习）时，大脑和当前计算机在“硬件”（以及一些未开发的潜在算法思想）上的不同之处会迫使 ChatGPT 使用一种可能与大脑截然不同的策略（在某些方面不太有效率）。还有一件事值得一提：甚至与典型的算法计算不同，ChatGPT 内部没有“循环”或“重新计算数据”。这不可避免地限制了其计算能力——即使与当前的计算机相比也是如此，更谈不上与大脑相比了。

我们尚不清楚如何在“修复”这个问题的同时仍然让系统以合理的效率进行训练。但这样做可能会使未来的 ChatGPT 能够执行更多

“类似大脑的事情”。当然，有许多事情大脑并不擅长，特别是涉及不可约计算的事情。对于这些问题，大脑和像 ChatGPT 这样的东西都必须寻求“外部工具”，比如 Wolfram 语言的帮助。

但是就目前而言，看到 ChatGPT 已经能够做到的事情是非常令人兴奋的。在某种程度上，它是一个极好的例子，说明了大量简单的计算元素可以做出非凡、惊人的事情。它也为我们提供了 2000 多年以来的最佳动力，来更好地理解人类条件（human condition）的核心特征——人类语言及其背后的思维过程——的本质和原则。

# 致谢

我已经关注神经网络的发展约 43 年了。在此期间，我与许多人进行了交流，其中包括 Giulio Alessandrini、Dario Amodei、Etienne Bernard、Taliesin Beynon、Sebastian Bodenstein、Greg Brockman、Jack Cowan、Pedro Domingos、Jesse Galef、Roger Germundsson、Robert Hecht-Nielsen、Geoff Hinton、John Hopfield、Yann LeCun、Jerry Lettvin、Jerome Louradour、Marvin Minsky、Eric Mjolsness、Cayden Pierce、Tomaso Poggio、Matteo Salvarezza、Terry Sejnowski、Oliver Selfridge、Gordon Shaw、Jonas Sjöberg、Ilya Sutskever、Gerry Tesauro 和 Timothee Verdier。在本文的写作上，特别感谢 Giulio Alessandrini 和 Brad Klee 给予的帮助。

第二篇

# 利用 Wolfram|Alpha 为 ChatGPT 赋予计算知识超能力

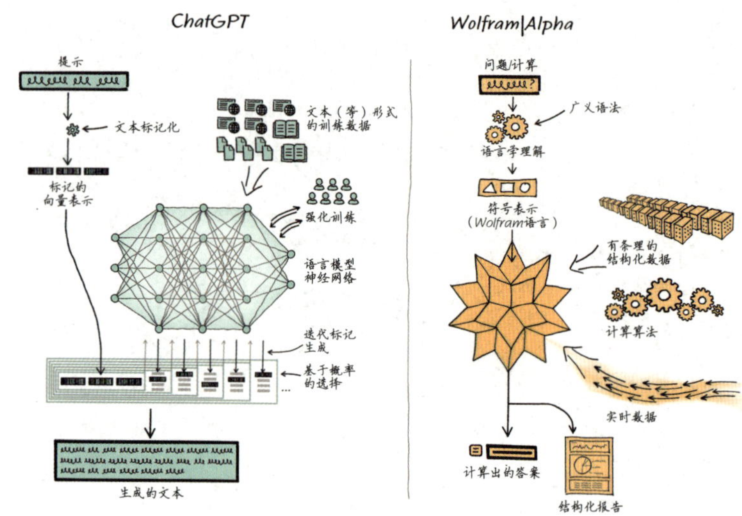
ChatGPT
提示
文本标记化
标记的
向量表示
文本（等）形式
的训练数据
强化训练
语言模型
神经网络
迭代标记
生成
基于概率
的选择
生成的文本
Wolfram|Alpha
问题/计算
广义语法
语言学理解
符号表示
（Wolfram语言）
有条理的
结构化数据
计算算法
实时数据
计算出的答案
结构化报告

# ChatGPT 和 Wolfram|Alpha

当事物不知怎么突然开始“发挥作用”时，总是让人惊叹不已。这在 2009 年的 Wolfram|Alpha 上发生过，在 2020 年的 Physics Project 上也发生过。现在，它正在 OpenAI 的 ChatGPT 上发生。

我已经研究神经网络技术很长时间了（实际上已经有 43 年了）。即使目睹了过去几年的发展，我仍然认为 ChatGPT 的表现非常出色。最终，突然出现了一个系统，可以成功地生成关于几乎任何东西的文本，而且非常类似于人类可能编写的文本。这非常令人佩服，也很有用。而且，正如我讨论过的那样，我认为它的成功可能向我们揭示了人类思维本质的一些基本规律。

虽然 ChatGPT 在自动化执行主要的类人任务方面取得了显著的成就，但并非所有有用的任务都是如此“类人”的。一些任务是更加形式化、结构化的。实际上，我们的文明在过去几个世纪中取得的一项伟大成就就是建立了数学、精密科学——最重要的是计算——的范式，并且创建了一座能力高塔，与纯粹的类人思维所能达到的高度完全不同。

我自己已经深度参与计算范式的研究多年，追求建立一种计算语言，以形式化符号的方式来表示世界中尽可能多的事物。在此过程中，我的目标是建立一个系统，用于“在计算上辅助”和增强人类想要做的事情。虽然我本人只能用人类的方式来思考事物，但我也可以随时调用 Wolfram 语言和 Wolfram|Alpha 来利用一种独特的“计算超能力”做各种超越人类的事情。

这是一种非常强大的工作方式。重点是，它不仅对我们人类很重要，而且对类人 AI（artificial intelligence，人工智能）同样（甚至更）重要——可以直接为其赋予计算知识超能力，利用结构化计算和结构化知识的非类人力量。

尽管我们才刚刚开始探索这对 ChatGPT 意味着什么，但很明显，惊喜是可能出现的。虽然 Wolfram|Alpha 和 ChatGPT 所做的事情完全不同，做事的方式也完全不同，但它们有一个公共接口：自然语言。这意味着 ChatGPT 可以像人类一样与 Wolfram|Alpha“交谈”，而 Wolfram|Alpha 会将它从 ChatGPT 获得的自然语言转换为精确的符号计算语言，从而应用其计算知识能力。

几十年来，对 AI 的思考一直存在着两极分化：ChatGPT 使用的“统计方法”，以及实际上是 Wolfram|Alpha 的起点的“符号方法”。现在，由于有了 ChatGPT 的成功以及我们在使 Wolfram|Alpha 理解自然语言方面所做的所有工作，终于有机会将二者结合起来，发挥出比单独使用任何一种方法都更强大的力量。

## 一个简单的例子

ChatGPT 本质上是一种生成语言输出的系统，其输出遵循来自互联网和书籍等的训练材料中的“模式”。令人惊奇的是，输出的类人特征不仅体现在小范围内，而且在整个文章中都很明显。它可以表达连贯的内容，通常以有趣和出人意料的方式包含它所学的概念。产生的内容始终是“在统计学上合理”的，至少是在语言层面上合理的。尽管它的表现非常出色，但这并不意味着它自信给出的所有事实和计算都一定是正确的。

下面是我刚刚注意到的一个例子（ChatGPT 具有内在的随机性，因此如果你尝试问相同的问题，可能会得到不同的答案）。

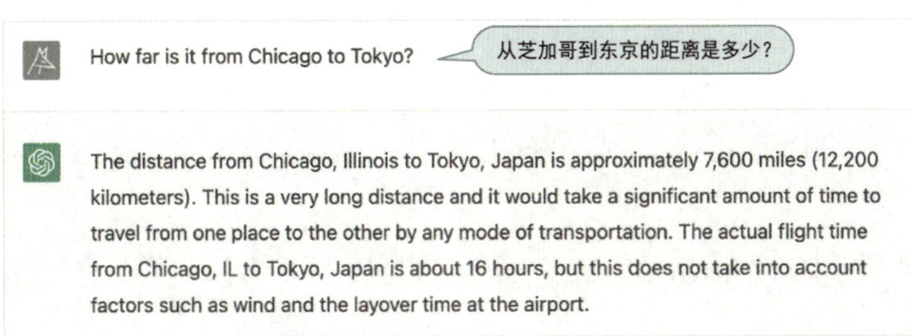

听起来相当有说服力。但是事实证明它是错误的，因为 Wolfram|Alpha 可以告诉我们如下答案。

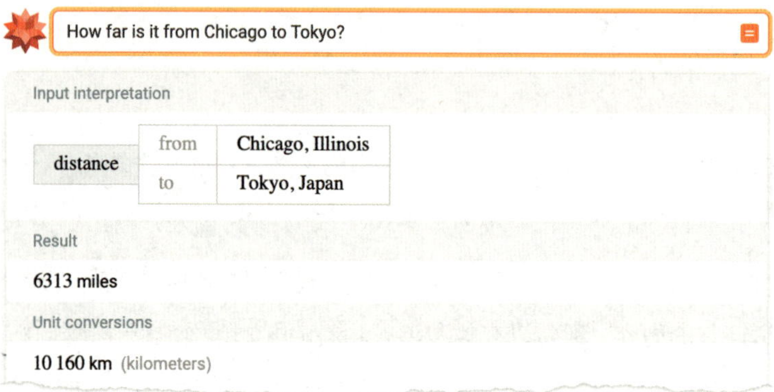


当然，这显得不太公平，因为这个问题正是 Wolfram|Alpha 擅长的问题类型：可以基于其结构化、有条理的知识进行精确计算。

有趣之处是，我们可以想象让 Wolfram|Alpha 自动帮助 ChatGPT。可以通过编程向 Wolfram|Alpha 提问（也可以使用 Web API 等）。

```
In[ ]:= WolframAlpha["what is the distance from Chicago to Tokyo", "SpokenResult"]
Out[ ]= The distance from the center of Chicago, Illinois to the center of Tokyo is about 6313 miles
```

现在再次向 ChatGPT 提问，并附上此结果。

How far is it from Chicago to Tokyo? The distance from the center of Chicago, Illinois to the center of Tokyo is about 6313 miles

Thank you for correcting me. You are correct that the distance from the center of Chicago, Illinois to the center of Tokyo, Japan is about 6313 miles (10160 kilometers). This distance can vary slightly depending on the specific location within each city that is being used as the starting and ending point.

How far is it from Chicago to Tokyo?

The distance from Chicago, Illinois to Tokyo, Japan is approximately 6313 miles (10160 kilometers). This is a very long distance and it would take a significant amount of time to travel from one place to the other by any mode of transportation. The actual flight time from Chicago, IL to Tokyo, Japan is about 16 hours, but this does not take into account factors such as wind and the layover time at the airport.

ChatGPT 非常礼貌地接受了更正。如果你再次提出该问题，它会给出正确的答案。显然，可以用一种更精简的方式处理与 Wolfram|Alpha 的交流，但是看到这种非常简单的纯自然语言方法已经基本奏效也很令人高兴。

不过，为什么 ChatGPT 一开始会犯这个错误呢？如果它在训练时从某个地方（例如互联网上）看到了芝加哥和东京之间的具体距离，它当然可以答对。但在本例中，仅仅依靠神经网络能轻松完成的泛化（例如对于许多城市之间距离的许多示例的泛化）并不够，还需要一个实际的计算算法。

Wolfram|Alpha 的处理方式则截然不同。它接受自然语言，然后（假设可能的话）将其转换为精确的计算语言（即 Wolfram 语言），在本例中如下所示。

```
In[•]:= GeoDistance[Chicago CITY, Tokyo CITY]
Out[•]= 6296.06 mi
```

城市的坐标和计算距离的算法是 Wolfram 语言内置的计算知识的一部分。是的，Wolfram 语言拥有大量内置的计算知识——这是我们几十年的工作成果，我们精心梳理了不断更新的海量数据，实现（而且经常发明）了各种方法、模型和算法——并且系统地为一切构建了一整套连贯的计算语言。

# 再举几个例子

ChatGPT 和 Wolfram|Alpha 的工作方式截然不同，各有优势。为了理解 ChatGPT 可以如何利用 Wolfram|Alpha 的优势，让我们讨论 ChatGPT 本身并不能完全回答正确的一些情况。ChatGPT 像人类一样，经常在数学领域遇到困难。

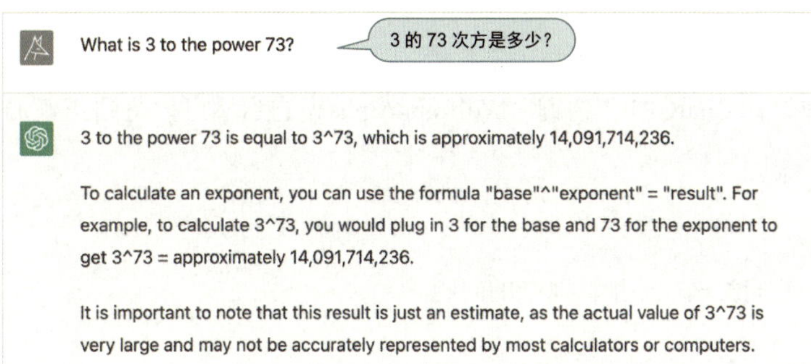
What is 3 to the power 73?

3 的 73 次方是多少？

3 to the power 73 is equal to 3^73, which is approximately 14,091,714,236.

To calculate an exponent, you can use the formula "base"^"exponent" = "result". For example, to calculate 3^73, you would plug in 3 for the base and 73 for the exponent to get 3^73 = approximately 14,091,714,236.

It is important to note that this result is just an estimate, as the actual value of 3^73 is very large and may not be accurately represented by most calculators or computers.

很有趣的文章式回答，但实际结果是错误的。

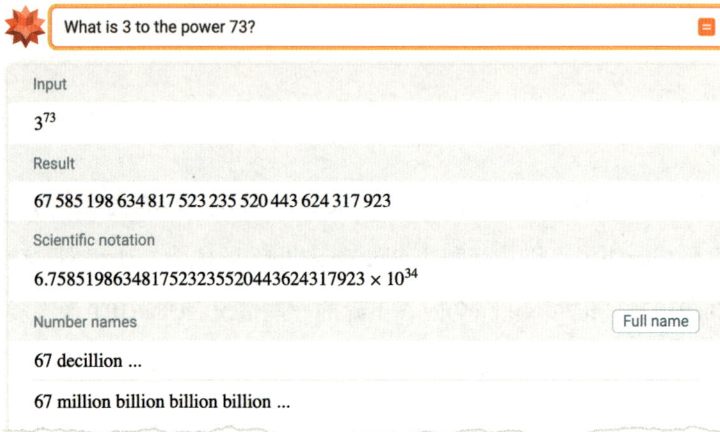


如果让 ChatGPT“咨询”Wolfram|Alpha，它当然可以得到正确的答案。

让我们尝试一些稍微复杂的问题。

circumference of an ellipse with half axes 3 and 12

半轴分别为 3 和 12 的椭圆的周长是多少？

The circumference of an ellipse can be approximated using the formula:

Circumference ≈ π * √((a^2 + b^2) / 2)

where a and b are the lengths of the semi-major and semi-minor axes of the ellipse, respectively. The semi-major axis is the longer of the two axes that pass through the center of the ellipse and divide it into two halves, and the semi-minor axis is the shorter of the two axes.

In an ellipse with semi-major axis 3 and semi-minor axis 12, the circumference would be:

Circumference ≈ π * √((3^2 + 12^2) / 2)
≈ approximately 27.3

The circumference of this ellipse is approximately 27.3.

It is important to note that this formula is an approximation, and the actual circumference of an ellipse can be calculated more accurately using more complex formulas.

乍一看，这个结果似乎很棒，我很容易相信它。然而，事实证明它是错误的，因为 Wolfram|Alpha 可以告诉我们如下答案。

circumference of an ellipse with half axes 3 and 12

Input interpretation

| ellipse | semi-axis lengths 3 \| 12 | circumference |
|---|---|---|

Result

$$48\,E\left(\frac{15}{16}\right) \approx 51.4705$$

E(m) is the complete elliptic integral of the second kind with parameter m = k^2

因此，使用（不能咨询 Wolfram|Alpha 的）ChatGPT 做数学作业可能不是一个好主意。它可以给你一个看似非常可信的答案。

What is the integral of x^2 cos(2x)?　　求 $x^{2\cos(2x)}$ 的积分。

The integral of x^2 cos(2x) is a mathematical expression representing the area under the curve of the function y = x^2 cos(2x). It can be calculated using the following formula:

∫ x^2 cos(2x) dx = (1/4) x^3 sin(2x) - (1/8) x cos(2x) + C

where C is an arbitrary constant and ∫ represents the integral symbol.

The integral of a function represents the area under the curve of the function between two points. It can be calculated by finding the area of the region bounded by the curve, the x-axis, and the vertical lines representing the two points.

The formula for the integral of x^2 cos(2x) can be derived using integration techniques and rules. It is important to note that this formula is valid for certain ranges of x and may not give an accurate result for other values of x.

但是如果 ChatGPT 没有“真正理解数学”，就基本上不可能可靠地得出正确答案。所以，答案又是错误的。

What is the integral of x^2 cos(2x)

Indefinite integral　　Step-by-step solution

$$\int x^2 \cos(2x)\, dx = \frac{1}{4}\left(\left(2x^2-1\right)\sin(2x) + 2x\cos(2x)\right) + \text{constant}$$

Plots of the integral

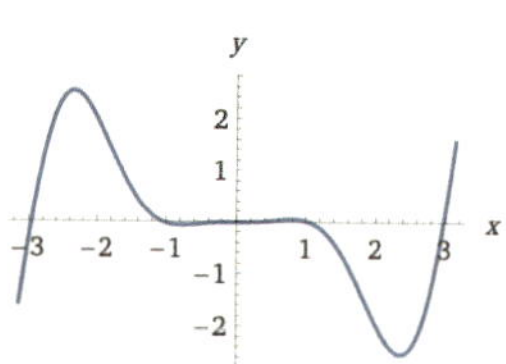

ChatGPT 甚至可以为“它得出答案的方式”（尽管并不是它所“做”的真正方式）编造一个非常像样的解释。此外，迷人（和有趣）的是，它给出的解释里存在不理解数学的人类可能会犯的错误。

Show how you derived that

To derive the formula for the integral of x^2 cos(2x), you can use the following steps:

1. Begin by writing the function you want to find the integral of, in this case y = x^2 cos(2x).
2. Use integration techniques and rules to find the integral of the function. For example, you can use the following rules:

- The integral of a constant times a function is the constant times the integral of the function.
- The integral of x^n is (x^(n+1))/(n+1) + C, where C is a constant and n is a positive integer.
- The integral of sin(x) is -cos(x) + C, and the integral of cos(x) is sin(x) + C, where C is a constant.

3. Substitute the appropriate values into the formula and simplify to find the final result.

For example, to find the integral of x^2 cos(2x), you can use the following steps:

1. Begin with the function y = x^2 cos(2x).
2. Use the rule for the integral of x^n to find the integral of x^2. This gives us (x^3)/3 + C.
3. Use the rule for the integral of cos(x) to find the integral of cos(2x). This gives us (1/2) sin(2x) + C.
4. Multiply the results from steps 2 and 3 to find the integral of x^2 cos(2x). This gives us ((x^3)/3 + C) * ((1/2) sin(2x) + C) = (x^3)/6 sin(2x) + Cx^3 + C^2.
5. Simplify the result by

注意，积的积分并不等于积分的积。
正确计算需要用分部积分公式。

在各种各样的情况下，“不理解事物的含义”都可能会引起麻烦。

What's the second largest country in central america

中美洲的第二大国是哪个国家？

The second largest country in Central America (by land area) is Nicaragua. Nicaragua is located in the middle of Central America, bordered by Honduras to the north, and Costa Rica to the south. With a land area of approximately 130,370 square kilometers (50,336 square miles), Nicaragua is slightly smaller than the largest country in Central America, which is Honduras.

听起来颇有说服力，但不正确。

What are the largest countries in Central America?

Assuming "largest" refers to total area | Use GDP or population instead

Assuming Central America | Use Central America with Mexico instead

Input interpretation

| largest countries | by total area |
|---|---|
| | in Central America |

Result

More

| 1 | Nicaragua | 50 336 $mi^2$ | |
|---|---|---|---|
| 2 | Honduras | 43 278 $mi^2$ | |

ChatGPT 似乎在某处正确地学习了这些基础数据，但它并没有充分“理解数据的含义”以正确地排列这些数字。

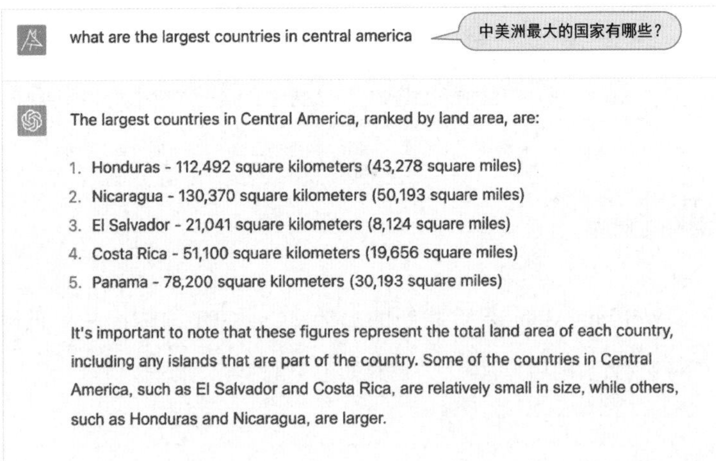
what are the largest countries in central america



The largest countries in Central America, ranked by land area, are:

1. Honduras - 112,492 square kilometers (43,278 square miles)
2. Nicaragua - 130,370 square kilometers (50,193 square miles)
3. El Salvador - 21,041 square kilometers (8,124 square miles)
4. Costa Rica - 51,100 square kilometers (19,656 square miles)
5. Panama - 78,200 square kilometers (30,193 square miles)

It's important to note that these figures represent the total land area of each country, including any islands that are part of the country. Some of the countries in Central America, such as El Salvador and Costa Rica, are relatively small in size, while others, such as Honduras and Nicaragua, are larger.

是的，可以找到一种方法来“修复这个特定的 bug”。但问题在于，像 ChatGPT 这样基于生成语言的 AI 系统的基本思想并不适用于需要执行结构化计算任务的情况。换句话说，需要“修复”几乎无穷多的“bug”，才能追赶上 Wolfram|Alpha 以其结构化方式所能实现的几乎无穷小的成就。

“计算链”越复杂，就越有可能需要调用 Wolfram|Alpha 来正确处理。对于下面的问题，ChatGPT 给出了一个相当混乱的答案。

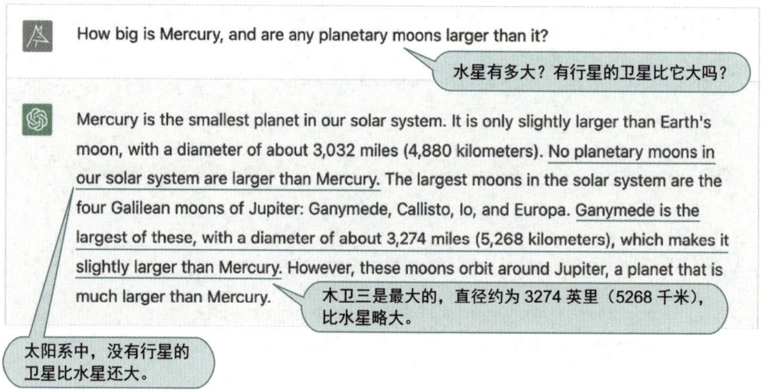


正如 Wolfram|Alpha 告诉我们的那样，ChatGPT 的结论并不正确（就像它自己在某种程度上“已经知道”的）。

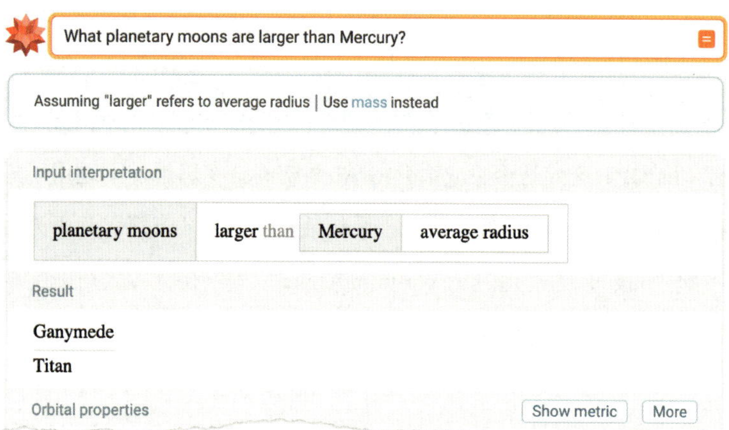


每当涉及特定的（例如数量）数据时，即使是相当原始的形式，也往往更适合用 Wolfram|Alpha 处理。以下这个例子受到了长期以来最受喜爱的 Wolfram|Alpha 测试查询“How many turkeys are there in Turkey?”（土耳其有多少只火鸡）的启发。

Tell me about livestock populations in Turkey

告诉我土耳其有多少家禽家畜。

Turkey is a major producer of livestock, including poultry, cattle, sheep, and goats. According to data from the Food and Agricultural Organization of the United Nations (FAO), as of 2020, Turkey had the following livestock populations:

- Poultry: Turkey has a large poultry industry, with a population of approximately 537 million chickens, 37 million turkeys, and 3 million ducks.
- Cattle: Turkey has a relatively small cattle population, with approximately 7.4 million head of cattle.
- Sheep: Turkey has a larger sheep population, with approximately 25.6 million sheep.
- Goats: Turkey also has a significant goat population, with approximately 10.7 million goats.

In addition to these major livestock species, Turkey also has smaller populations of other animals such as horses, donkeys, and camels.

这（一开始）看起来完全有道理，甚至引用了相关的来源。然而事实证明，这些数据基本上只是“捏造”的。

Livestock populations in Turkey

Input interpretation

| Turkey | livestock population |
|---|---|

Result

More

| | |
|---|---|
| cattle | 18 million (2020 estimate) |
| chickens | 379 million (2020 estimate) |
| goats | 12 million (2020 estimate) |
| pigs | 990 (2020 estimate) |
| sheep | 42.1 million (2020 estimate) |

不过，非常好的一点是，ChatGPT 可以轻松地“请求事实来做检查”。

Give me a simple keyword query that could be answered by each numerical value in your response; only list the queries

- "Number of chickens in Turkey"
- "Number of turkeys in Turkey"
- "Number of ducks in Turkey"
- "Number of cattle in Turkey"
- "Number of sheep in Turkey"
- "Number of goats in Turkey"

现在将这些请求通过 Wolfram|Alpha API 进行馈送。

```
In[◦]:= WolframAlpha[#, "SpokenResult"] &/@
         {"Number of chickens in Turkey", "Number of turkeys in Turkey",
          "Number of ducks in Turkey", "Number of cattle in Turkey",
          "Number of sheep in Turkey", "Number of goats in Turkey"}

Out[◦]= {In 2020, Turkey had about 379 million chickens as livestock,
         In 2020, Turkey had about 4.8 million turkeys as livestock,
         In 2020, Turkey had 560000 ducks as livestock,
         In 2020, Turkey had about 18 million cattle as livestock,
         In 2020, Turkey had about 42.1 million sheep as livestock,
         In 2020, Turkey had about 12 million goats as livestock}
```

现在我们可以注入这些数据，要求 ChatGPT 修正其原始回答（甚至以粗体显示它所做的修正）。

Insert this corrected data into your original response, surrounding each modified value with "**":
{"In 2020, Turkey had about 379 million chickens as livestock", "In 2020, Turkey had about 4.8 million turkeys as livestock", "In 2020, Turkey had 560000 ducks as livestock", "In 2020, Turkey had about 18 million cattle as livestock", "In 2020, Turkey had about 42.1 million sheep as livestock", "In 2020, Turkey had about 12 million goats as livestock"}

Here is the corrected data inserted into my previous response, with the modified values surrounded by "**":

Turkey is a major producer of livestock, including poultry, cattle, sheep, and goats. According to data from the Food and Agricultural Organization of the United Nations (FAO), as of 2020, Turkey had the following livestock populations:

- Poultry: **In 2020, Turkey had about 379 million chickens as livestock** and **4.8 million turkeys as livestock**, as well as about **560000 ducks**.
- Cattle: **In 2020, Turkey had about 18 million head of cattle**.
- Sheep: **In 2020, Turkey had about 42.1 million sheep**.
- Goats: **In 2020, Turkey had about 12 million goats**.

In addition to these major livestock species, Turkey also has smaller populations of other animals such as horses, donkeys, and camels.

当涉及实时（或依赖位置等的）数据或计算时，“注入事实”的能力特别好。ChatGPT 不会立即回答下面这个问题。

What planets can I see tonight?

今晚能看到什么行星？

I'm sorry, but I don't have any current information on what planets are visible in the sky tonight. In order to find out what planets are visible tonight, you'll need to use a planetarium app or website. These tools use your location and the current time to provide information on which planets are visible in the sky. Some popular planetarium apps and websites include Sky Guide, Star Walk, and Stellarium. Alternatively, you can check a printed sky map or ask an astronomer for information on what planets are visible from your location.

下面是一些相关的 Wolfram|Alpha API 输出。

```
In[•]:= Values[WolframAlpha["What planets can I see tonight",
          {{"Input", "PropertyRanking:PlanetData"}, "Plaintext"}]]

Out[•]= {planets | above the horizon | 10:00 pm, Mercury | Mercury is below the horizon
        Venus | Venus is below the horizon
        Mars | Mars is above the horizon
        Jupiter | Jupiter is above the horizon
        Saturn | Saturn is below the horizon
        Uranus | Uranus is above the horizon
        Neptune | Neptune is above the horizon}
```

如果将其输入 ChatGPT，它会生成漂亮的文章式结果。

Revise your answer, incorporating this data:

{"planets | above the horizon | 10:00 pm",
"Mercury | Mercury is below the horizon
Venus | Venus is below the horizon
Mars | Mars is above the horizon
Jupiter | Jupiter is above the horizon
Saturn | Saturn is below the horizon

According to the information provided, at 10:00 PM, the planets that are above the horizon are Mars, Jupiter, Uranus, and Neptune. Mercury and Venus are below the horizon, and Saturn is also below the horizon. I should note that the visibility of planets can vary depending on your location and the time of year. I recommend using a planetarium app or website to get the most accurate and up-to-date information on which planets are visible from your location.

有时，计算系统和类人系统之间会有有趣的相互作用。下面是一个向 Wolfram|Alpha 提出的相当异想天开的问题，而它甚至会询问你是否想要“soft-serve ice cream”（软冰激凌）。

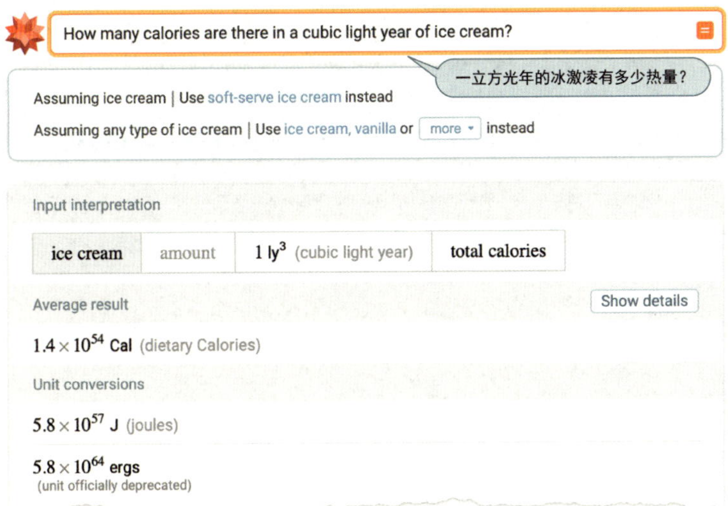


ChatGPT 最开始对于“volume”（体积）的概念有些困惑。

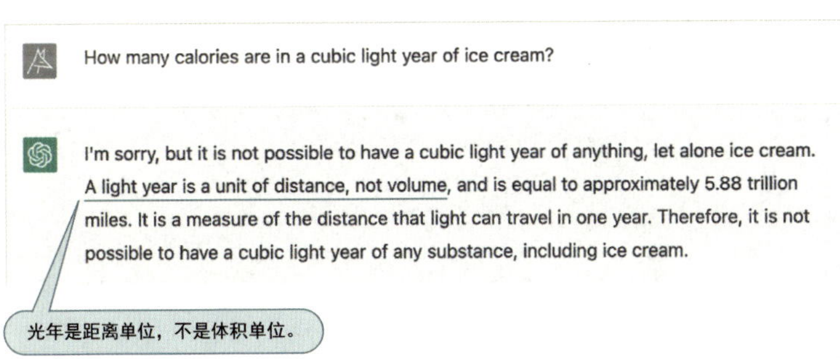

但后来它似乎“意识到”那么多冰激凌是相当愚蠢的。

A cubic light year is an extremely large unit of volume. In fact, it is so large that it is not possible to fit any known substance, including ice cream, into a volume of this size.

For reference, a light year is a unit of distance that is equal to the distance that light travels in one year. The distance that light travels in one year is approximately 5.88 trillion miles (9.46 trillion kilometers).

Given the size of a light year, it is clear that a cubic light year is an impossibly large unit of volume. Therefore, it is not possible to calculate the number of calories in a cubic light year of ice cream, as there is simply no way to fit that much ice cream into a single volume.

# 前方的路

机器学习是一种强大的方法，特别是在过去十年中，它取得了一些非凡的成功——ChatGPT 是最新的成功案例。除此之外，还有图像识别、语音转文字、语言翻译……在每个案例中，都会跨越一个门槛——通常是突然之间。一些任务从“基本不可能”变成了“基本可行”。

但结果从来不是“完美”的。也许有的东西能够在 95% 的时间内运作良好。但是不论怎样努力，它的表现在剩下的 5% 时间内仍然难以捉摸。对于某些情况来说，这可能被视为失败。但关键在于，在各种重要的用例中，95% 往往就“足够好了”。原因也许是输出是一种没有“正确答案”的东西，也许是人们只是在试图挖掘一些可能性供人类（或系统算法）选择或改进。

拥有数百亿参数的神经网络一次一个标记地生成文本，能够做到 ChatGPT 所能做的事情，这着实是非同凡响的。鉴于这种戏剧性、意想不到的成功，人们可能会认为，如果能够“训练一个足够大的网络”，就能够用它来做任何事情。但事实并非如此。关于计算的基本事实，尤其是计算不可约的概念，表明它最终是无法做到的。

不过不要紧，重点在于我们在机器学习的实际历史中看到的：会取得（像 ChatGPT 这样的）重大突破，进步不会停止。更重要的是，我们会发现能做之事的成功用例，它们并未因不能做之事受阻。

虽然“原始 ChatGPT”可以在许多情况下帮助人们写作、提供建议或生成对各种文档或交流有用的文本，但是当必须把事情做到完美时，机器学习并不是解决问题的方法——就像人类也不是一样。

这正是我们在以上例子中看到的。ChatGPT 在“类人的部分”表现出色，因为其中没有精确的“正确答案”。但当它被“赶鸭子上架”、需要提供精确的内容时，往往会失败。这些例子要表达的重点是，有一种很好的方法可以解决该问题——将 ChatGPT 连接到 Wolfram|Alpha 以利用其全部的计算知识“超能力”。

在 Wolfram|Alpha 内部，一切都被转换为计算语言，转换为精确的 Wolfram 语言代码。这些代码在某种程度上必须是“完美”的，才能可靠地使用。关键是，ChatGPT 无须生成这些代码。它可以生成自己常用的自然语言，然后由 Wolfram|Alpha 利用其自然语言理解能力转换为精确的 Wolfram 语言。

在许多方面，可以说 ChatGPT 从未“真正理解”过事物，它只“知道如何产生有用的东西”。但是 Wolfram|Alpha 则完全不同。因为一旦 Wolfram|Alpha 将某些东西转换为 Wolfram 语言，我们就

拥有了它们完整、精确、形式化的表示，可以用来可靠地计算事物。不用说，有很多“人类感兴趣”的事物并没有形式化的计算表示——尽管我们仍然可以用自然语言谈论它们，但是可能不够准确。对于这些事物，ChatGPT 只能靠自己，而且能凭借自己的能力做得非常出色。

就像我们人类一样，ChatGPT 有时候需要更形式化和精确的“助力”。重点在于，它不必用“形式化和精确”的语言表达自己，因为 Wolfram|Alpha 可以用相当于 ChatGPT 母语的自然语言进行沟通。当把自然语言转换成自己的母语——Wolfram 语言时，Wolfram|Alpha 会负责“添加形式和精度”。我认为这是一种非常好的情况，具有很大的实用潜力。

这种潜力不仅可以用于典型的聊天机器人和文本生成应用，还能扩展到像数据科学或其他形式的计算工作（或编程）中。从某种意义上说，这是一种直接把 ChatGPT 的类人世界和 Wolfram 语言的精确计算世界结合起来的最佳方式。

ChatGPT 能否直接学习 Wolfram 语言呢？答案是肯定的，事实上它已经开始学习了。我十分希望像 ChatGPT 这样的东西最终能够直接在 Wolfram 语言中运行，并且因此变得非常强大。这种有趣而独特的情况之所以能成真，得益于 Wolfram 语言的如下特点：它是一门全面的计算语言，可以用计算术语来广泛地谈论世界上和其他地方的事物。

Wolfram 语言的总体概念就是对我们人类的所思所想进行计算上的表示和处理。普通的编程语言旨在确切地告诉计算机要做什么，而作为一门全面的计算语言，Wolfram 语言涉及的范围远远超出了这一点。实际上，它旨在成为一门既能让人类也能让计算机“用计算思维思考”的语言。

许多世纪以前，当数学符号被发明时，人类第一次有了“用数学思维思考”事物的一种精简媒介。它的发明很快导致了代数、微积分和最终所有数学科学的出现。Wolfram 语言的目标则是为计算思维做类似的事情，不仅是为了人类，而且是要让计算范式能够开启的所有“计算 XX 学”领域成为可能。

我个人因为使用 Wolfram 语言作为“思考语言”而受益匪浅。过去几十年里，看到许多人通过 Wolfram 语言“以计算的方式思考”而取得了很多进展，真的让我喜出望外。那么 ChatGPT 呢？它也可以做到这一点，只是我还不确定一切将如何运作。但可以肯定的是，这不是让 ChatGPT 学习如何进行 Wolfram 语言已经掌握的计算，而是让 ChatGPT 学习像人类一样使用 Wolfram 语言，让 ChatGPT 用计算语言（而非自然语言）生成“创造性文章”，等等。

我在很久之前就讨论过由人类撰写的计算性文章的概念，它们混合使用了自然语言和计算语言。现在的问题是，ChatGPT 能否撰写这些文章，能否使用 Wolfram 语言作为一种提供对人类和计算机而言都“有意义的交流”的方式。是的，这里存在一个潜在的有趣的反馈循环，涉及对 Wolfram 语言代码的实际执行。但至关重要的是 Wolfram 语言代码所代表的“思想”的丰富性和“思想”流——与普通编程语言中的不同，更接近 ChatGPT 在自然语言中“像魔法一样”处理的东西。

换句话说，Wolfram 语言是和自然语言一样富有表现力的，足以用来为 ChatGPT 编写有意义的“提示”。没错，Wolfram 语言代码可以直接在计算机上执行。但作为 ChatGPT 的提示，它也可以用来“表达”一个可以延续的“想法”。它可以描述某个计算结构，让 ChatGPT “即兴续写”人们可能对于该结构的计算上的说法，而且根据它通过阅读人类写作的大量材料所学到的东西来看，这“对人类来说将是有趣的”。

ChatGPT 的意外成功突然带来了各种令人兴奋的可能性。就目前而言，我们能马上抓住的机会是，通过 Wolfram|Alpha 赋予 ChatGPT 计算知识超能力。这样，ChatGPT 不仅可以产生“合理的类人输出”，而且能保证这些输出利用了封装在 Wolfram|Alpha 和 Wolfram 语言内的整座计算和知识高塔。

# 相关资源

- 文章《ChatGPT 在做什么？它为何能做到这些？》（“What Is ChatGPT Doing... and Why Does It Work?”）：本书在线版本，包含可运行的代码
- 文章《初中生能看懂的机器学习》（“Machine Learning for Middle Schoolers”，作者：Stephen Wolfram）：介绍机器学习的基本概念
- 图书《机器学习入门》（Introduction to Machine Learning，Etienne Bernard 著）：一本关于现代机器学习的指南，包含可运行的代码
- 网站“Wolfram 机器学习”（Wolfram Machine Learning）：阐释 Wolfram 语言中的机器学习能力
- Wolfram U 上的机器学习课程：交互式的机器学习课程，适合不同层次的学生学习
- 文章《如何与 AI 交流？》（“How Should We Talk to AIs?”，作者：Stephen Wolfram）：2015 年的一篇短文，探讨了如何使用自然语言和计算语言与 AI 交流
- Wolfram 语言
- Wolfram|Alpha